信息科学技术专著丛书

无线通信系统稀疏信道信息获取技术研究

张爱华 著

北京邮电大学出版社
www.buptpress.com

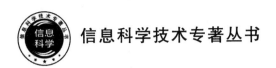

内 容 简 介

本书主要介绍基于稀疏信号处理理论的信道估计算法以及基于深度学习的信道信息反馈和信号检测方法。内容包括9章，分别为绪论、稀疏信号重建、基于期望最大化算法的MIMO中继系统信道估计、零吸引最小均方协同通信系统信道估计、加权 l_p 范数约束的自适应滤波信道估计算法、变步长 l_p-LMS算法的稀疏系统辨识、基于Log-Sum LMS的稀疏信道估计算法、基于深度神经网络的MIMO软判决信号检测算法、基于长短时-注意力机制的大规模MIMO信道反馈。

本书可作为高等院校“通信与信息系统”“信号与信息处理”等课程的教材或参考书，也可作为宽带无线通信、信号处理、人工智能等领域的技术人员和研究人员的参考书。

图书在版编目(CIP)数据

无线通信系统稀疏信道信息获取技术研究 / 张爱华著. -- 北京：北京邮电大学出版社，2020.10

ISBN 978-7-5635-6222-0

Ⅰ. ①无… Ⅱ. ①张… Ⅲ. ①无线电通信—通信系统—信号处理—研究 Ⅳ. ①TN92

中国版本图书馆CIP数据核字(2020)第190204号

策划编辑：姚 顺 刘纳新 **责任编辑**：刘春棠 **封面设计**：七星博纳

出版发行：北京邮电大学出版社

社 址：北京市海淀区西土城路10号

邮政编码：100876

发 行 部：电话：010-62282185 传真：010-62283578

E-mail：publish@bupt.edu.cn

经 销：各地新华书店

印 刷：北京玺诚印务有限公司

开 本：787 mm×1 092 mm 1/16

印 张：8.75

字 数：187千字

版 次：2020年10月第1版

印 次：2020年10月第1次印刷

ISBN 978-7-5635-6222-0 定价：38.00元

·如有印装质量问题，请与北京邮电大学出版社发行部联系·

前　言

随着智能终端和新兴应用的快速发展，无线数据流量呈爆发式增长，未来移动通信将在时频空间资源的利用方面实现超灵活，提供更高的速度、更大的容量和超低的延迟。未来通信技术将面临真实与虚拟共存的多样化通信环境，业务速率、系统容量、覆盖范围和移动速度的变化范围将进一步扩大，传输技术将面临性能、复杂度和效率的多重挑战。因此，作为各传输潜能保障的信道信息获取技术将面临巨大的挑战。本书从稀疏信号处理的基本概念出发，介绍信道信息获取技术，包括协同通信系统信道估计、大规模 MIMO 系统信道信息反馈以及信号检测技术；介绍稀疏信号处理理论，让读者了解稀疏信号处理的特点；介绍几种稀疏度自适应的信道估计算法，以及基于深度学习的信号检测及信道信息反馈方法。

本书的理论知识由浅入深，比较适合初学者了解稀疏信道估计以及信道信息反馈技术，结合目前常用的自适应信号处理算法及实验情况，深入分析各种算法的性能。本书可作为高等院校"通信与信息系统""信号与信息处理"等课程的教材或参考书，也可作为宽带无线通信、信号处理、人工智能等领域技术人员和研究人员的参考书。

本书共 9 章，第 1 章为绪论，主要介绍稀疏信道估计、信道信息反馈以及信号检测技术的研究意义以及研究现状。

第 2 章阐述稀疏重建理论，便于理解后续稀疏信道估计技术。

第 3 章介绍基于期望最大化的稀疏度自适应信道估计算法，描述该算法在协同中继 MIMO 通信系统中的框架、步骤以及实验情况。

第 4～7 章主要介绍基于稀疏感知的自适应滤波信道估计算法，包括基于加权的零吸引 LMS 算法、加权-LMS 算法、变步长-LMS 算法以及基于对数和约束的稀疏正则化自适应滤波算法，并给出具体执行步骤以及实验效果分析。

第 8 章阐述基于深度神经网络的 MIMO 软判决信号检测算法，介绍联合训练的 MIMO 通信系统的结构、深度神经网络的框架及工作原理、深度神经网络线下联合训练学习方法和线上检测方法，以及 Sigmoid 函数用于软判决信号检测的方法。

第 9 章着重研究基于长短时-注意力机制的大规模 MIMO 信道反馈，介绍自动编码器信道反馈的系统框架和原理，阐述长短时-注意力机制网络的结构及应用思路。

本书由中原工学院的张爱华撰写，本书涉及的部分研究工作得到了作者导师杨守义教授的指导，研究生李琪、曹文周以及电子科技大学的研究生周其玉同学参与了部分实验仿真工作。本书的出版得到了国家自然科学青年基金项目(61501530)、河南省青年骨干教师资助计划、中原工学院学术专著出版基金的资助。在此一并表示诚挚的感谢。

由于作者水平有限，书中难免存在疏漏，恳请广大读者批评指正。

目　　录

第1章　绪　　论

1.1　引　　言

无线通信传输技术是指信息以电磁波信号的形式在空间中传播，从而达到信息交换的目的。无线传输主要包括两大领域：微波通信领域和卫星通信领域。其中，微波通信具有传输距离较短、频谱资源带宽较宽、通信系统容量较大等特点，因此得到了广泛的关注。卫星通信是以卫星为中继站，在地面上的两个物体或多个物体之间建立通信。卫星通信具有稳定性高、设备之间设置灵活的特点，主要用于航天领域。除微波通信和卫星通信之外，可以根据不同的无线通信协议和标准探究出其他的无线通信应用技术，如移动通信、WLAN、短距离无线通信等。其中，移动通信是与人民生活水平息息相关的重要无线通信技术。相关统计显示，当前我国移动数据流量增长达到了新水平，2013—2018 年，移动数据流量的年增长率达到了 122%。2018 年前 11 个月，移动数据流量同比增长达到 194%，11 月我国的人均移动互联网接入流量达到 5.79 GB，是 2017 年同期的 2.42 倍。根据预测，移动数据流量的快速增长还将持续。突飞猛进的移动数据量依赖移动通信系统标准技术的不断升级换代。一般情况下，移动通信每十年进行一次升级，通过引入一些关键技术，实现通信系统容量的成倍提升，从而进一步促进移动通信的发展。

1.1.1　移动通信发展概览

从第一代移动通信系统到第四代移动通信系统的演变与升级依赖于各种关键技术的引入。第一代移动通信系统（First Generation Mobile System，1G）将经过模拟调制及频分多址（Frequency Division Multiple Access，FDMA）处理之后的信号进行传输，一般只用于语音信号的传输。1G 通信技术具有传输可靠性低、传输距离短等缺点。第二代移动通信系统（Second Generation Mobile System，2G）因数字调制技术和时分多址（Time Division Multiple Access，TDMA）技术的引入，系统的传输速率得到了显著提升，从而实现数字化语音信号和低速率的数据传输，同时还增加了手机短信传输功能。第三代移动通信系统（Third Generation Mobile System，3G）的关键技术是卷积码和码分多址接入技术。其中码分多址技术的引入提高了频谱利用率，使数据传输速率大幅增加，从而实现了宽带多媒体和高速数据传输。为了抵抗信道衰落，提高接收信号的信噪比，多输入多输出（Multiple Input Multiple Output，MIMO）技术应运而生，并成为第四代移动通信系统（Fourth Generation Mobile System，4G）的核心技术。移动通信的发展过程以及相应的关键技术如表 1-1 所示。MIMO 技术通过收发端的多天线配置，可以实现空间复用和分集，在不增加系统带宽的情况下能够提高系统容量。更可贵的是，MIMO 技术能够将系统传输过程中的不利因素——多径衰落效应转变成额外的系统分集，提高了系统吞吐量和资源利用率，从而提高了系统传输的可靠性。尽管 MIMO 技术在应对信道衰落和提升系统容量方面具有明显的优势，但是在小型无线移动终端安置多个天线，不但提高了成本，而且增加了其实现难度，致使理想的 MIMO 技术在走向实际应用的过程中步履维艰。为了克服 MIMO 技术的缺点，Sendonaris 和 Laneman 等人提出了协同分集技术，即在通信系统中引入中继的思想，称之为协同中继通信系统。在协同中继通信系统中，不同终端的天线所处的空间位置不同，这些天线之间相互协同，构成一个分布式的“虚拟”多天线阵列。研究结果表明，协同无线通信技术可以显著提高系统的数据传输容量，能够有效增强信息传输对抗信道畸变的稳健性。因此，协同中继无线通信技术已成为目前最具有应用前景的研究热点之一。该技术已被写入 IEEE 802.16 系列标准中，并被规划为第五代移动通信系统（Fifth Generation Mobile System，5G）的核心技术。

表 1-1　国际移动通信发展情况

	窄带通信		广带通信		宽带通信
	1G	2G	3G	4G	5G
发展年代	1978—1991 年	1991—2001 年	2001—2011 年	2011—2020 年	2020—
核心技术	FDMA	TDMA	CDMA/WCDMA	LTE/LTE-A MIMO+OFDM	MIMO+OFDM+TWRN
传输速率	～2.4 kbit/s	～64 kbit/s	2～14 Mbit/s	100 Mbit/s～1 Gbit/s	1～20 Gbit/s
特点	极低速率	低速率	高速率	较高速率	超高速率

注：TWRN 表示双向中继协同网络。

协同通信能够提高网络的稳健性，并且在基站瘫痪的情况下仍然能够进行部分通信。当有高楼阻挡，移动终端几乎不能与基站进行通信或者移动终端的掉话率非常高时，应用协同通信技术，在高楼附近部署中继节点，通过中继节点的帮助，移动终端可以获得比原来更好的链路通信质量。在应急通信中，当某个小区的基站出现故障时，其覆盖范围内的移动终端就不能进行通信，如果部署了协同通信系统，小区内的用户可以通过中继节点实现信息交换，此时系统中的中继相当于一个功能精简的基站。当小区内的用户需要同小区外的用户进行通信时，可以通过多跳中继进行，或者通过多跳的中继与基站进行通信。

当自然灾害，如地震发生时，地震的冲击致使基站出现故障而大面积坏掉。此时，可以通过中继节点与灾区进行重要的通信。协同通信能够保证外界与灾区之间通信链路的建立，能够使救援部队在抗震救灾的初期获得重要信息。“5·12”汶川地震发生时，灾区通信设备一度瘫痪，外界无法与灾区人民取得联系。在抗震救灾的过程中，中国科学院上海微系统与信息技术研究所就将无线传感器网络部署在灾区用于恢复通信。该系统采用协同通信策略，在基站全面瘫痪的状态下通过协同中继技术实现了应急通信。

1.1.2 5G 技术发展情况

2015 年国际电信联盟（International Telecommunications Union，ITU）开始正式启动第五代移动通信系统的研究。ITU 定义的 5G 三大应用场景包括增强型移动宽带（Enhance Mobile Broadband，eMBB）、大规模机器通信（Massive Machine Type Communication，mMTC）、高可靠低时延的通信（Ultra-Reliable and Low Latency Communication，URLLC）。

1. 增强型移动宽带 eMBB

增强移动宽带是针对现有 4G 移动通信系统的改进，是指在现有移动宽带业务场景的基础上，对于用户体验等性能的进一步提升，是最贴近人们日常生活的应用场景。此应用场景涵盖了一系列情况，包括广域覆盖和热点区域。对于广域的情况，需要无缝覆盖和高移动性，用户数据传输速率与目前相比有了很大的提高。对于热点地区，支持密集用户区域和超高容量需求，热点区域所能提供的用户数据速率远高于广域覆盖范围，但对用户移动性的支持仅限于行人速度。

2. 大规模机器通信 mMTC

此场景主要应用于大规模物联网业务，支持大量终端设备接入网络。低功耗海量连接场景主要面向智慧城市、智能农业、森林防火、环境监测等以数据采集和数据观测为目标的应用场景，具有小数据包、低功耗、海量连接等特点。此类终端分布范围广、数量众多，不仅要求网络具备超千亿连接的支持能力，而且还要保证终端的超低功耗和超低成本。

3. 高可靠低时延的通信 URLLC

URLLC 的特点是面向超高可靠性、超低时延、极高可用性的应用场景，主要包括工业应用和控制、智能电网、车与车通信、车与基础设施通信、远程制造、抢险救灾、远程医疗等。URLLC 在无人驾驶业务方面拥有很大潜力。此外，这对于安防行业也十分重要。

目前，已初步投入市场使用的 5G 在 4G 的基础上引入了一些关键技术：发送端和接收端配置天线阵列，引入大规模 MIMO 技术；提出空中接口技术，让资源分配更为便捷；考虑非正交多用户（Non-orthogonal Multiple Access，NOMA）技术，使移动通信系统应用于物联网场景；划分分布式网络功能单元和中心网络功能单元；考虑基于云计算的网络虚拟化与切片技术。这些关键技术的引入使通信网络传输信息的可靠性、系统的时间延迟、系统的峰值速率、系统的频谱资源利用效率、连接密度及用户体验等关键性能指标（Key Performance Indicator，KPI）值都有良好的表现，基本上可以实现“增强宽带，万物互联”的目标。5G 的主要网络指标和应用场景如表 1-2 所示。

表 1-2　5G 的网络指标和应用场景

效率指标	性能指标	应用场景
频谱效率：高于 4G 5～15 倍 能效：高于 4G 100 倍以上 成本效率：高于 4G 100 倍以上	用户体验速率：0.1～1 Gbit/s 连接数密度：100 万/km^2 时延：数 ms 移动性：大于 500 km/h 峰值速率：数十 Gbit/s 流量密度：数十 Tbit/(s·km^2)	增强型移动宽带(eMBB) 大规模机器通信(mMTC) 高可靠低时延的通信(URLLC)

5G 通信系统中引入的各种关键技术需要在各种 KPI 值之间进行折中与优化。其中，引入的大规模 MIMO 技术基于传统的 MIMO 技术，增加基站端和用户端配置的天线个数，充分探索其空间分集特性和空分复用特性，最终使 MIMO 通信系统容量获得显著增加。然而，发送端和接收端天线数量的增加也会导致一些系统复杂度的问题：第一，发送端和接收端之间传输信道的复杂性增加；第二，接收端的信号检测复杂度增加；第三，接收端的信道估计模块复杂度会急剧增加。这些现象最终都会导致信号恢复的计算复杂度增加。实际通信系统中，信道估计和信号检测算法性能降低的直接后果是系统中信号解调的性能受到冲击，最终会影响整个通信系统的性能。因此，低复杂度、低误码率的信号接收机是通信系统所具备的基本条件。当前，一些准确度高、误码率低的检测算法（如最大似然检测）得到广泛的应用，然而，随着天线数量的增加，信道估计和信号检测的计算复杂度也会增加，从而增加了整个系统的复杂度，因此难以应用于大规模 MIMO 系统中。另外，也存在一些计算复杂度低的检测算法，如迫零算法，虽然有效降低了计算复杂度，但是因未将噪声考虑在内，导致检测的误码率下降。因此，研究一种可以在信号检测的复杂度和误码率之间得到权衡的信号检测方法是一项重要研究课题。

另外，天线数量的增加除了会引起信道估计与信号检测的复杂度急剧增加外，还会导致信道状态信息反馈的计算复杂度增加。除此之外，通信系统的信道状态信息反馈时所需要的导频开销也会增加。在大规模 MIMO 通信系统中，基站端需要精准地获取下行无线链路的信道状态信息，供预编码所使用，从而有效地提升通信系统的容量。其中，基站获取信道状态信息的方式在不同的模式中是不同的。第一种是时分双工（Time Division Duplexing, TDD）模式。TDD 模式中上行无线链路和下行无线链路之间具备互易的特性。首先基站端估计出上行无线链路的信道信息，然后利用上下行无线信道之间的互易特点，根据获取的上行链路信息计算得到下行链路状态信息。第二种是频分双工（Frequency Multiple Access, FDD）模式。FDD 系统中，上行无线链路和下行无线链路之间的特性不同于时分双工模式，不存在信道互易性。因此，首先基站端需要通过下行无线信道发送若干导频信息，然后用户端将根据得到的信号信息通过信道估计模块计算出下行无线链路的信道状态信息，且将其发送至上行无线信道，最终基站端可成功获取下行链路信道信息。然而，大规模 MIMO 系统中配置过量的天线，使发送端和接收端之间传输信道复杂化，无线系统需要反馈的信道状态信息将会随之增加，从而造成过量的反馈链路开销。因此，研究一种准确度高、反馈开销低的大规模 MIMO 信道状态信息估计及信息反馈机制是当前亟待解决的问题。

随着智能终端和新兴应用的快速发展，无线数据流量呈爆发式增长。尤其是 2020 年突发新冠疫情时，以 5G 为代表的信息通信技术在疫情全面防控、助力复工复产和停课不停学等方面做出了重大支撑，同时也面临稳定性和时效性等方面的考验，显示出现有技术无法完全满足快速增长的需求。为迎接未来的挑战，我国科技部和自然科学基金委已于 2019 年 11 月宣布正式启动 6G 通信技术的研究工作。6G 将面临真实与虚拟共存的多样化通信环境，业务速率、系统容量、覆盖范围和移动速度的变化范围将进一步扩大，传输技术将面临性能、复杂度和效率等多重挑战。因此，在移动通信系统中，作为各传输潜能保障的信道信息获取技术将面临巨大的挑战。

1.2 信道估计技术

信道估计就是从无线传输系统的接收数据中将假定的某个信道模型的模型参数估计出来的过程。无线通信系统的性能很大程度上受到无线信道的影响，如阴影衰落和频率选择性衰落等，使得发射机和接收机之间的传播路径非常复杂。无线信道并不像有线信道那样固定并可预见，而是具有较强的随机性，对接收机的设计提出了很大的挑战，信道估计的精度将直接影响整个系统的性能。

根据是否考虑多径信道的稀疏性特点，信道估计方法可以分为密集信道估计和稀疏信道估计。基于密集信道假设的信道估计模型中，信道自由度的数目与信道空间维数呈线性关系，且多径信道的每一个抽头位置上的系数假设为非零。该类方法没有考虑信道固有的稀疏结构信息，会牺牲部分频谱资源或者以计算复杂度高为代价获取较为准确的信道状态信息。相对于密集信道估计，稀疏信道估计方法利用信道结构的稀疏性，需要估计的多径参数减小，可通过更少的导频数估计出整个信道的频响特性，从而减小导频开销，提高通信资源利用率。因此，稀疏信道估计方法在提高通信系统的频谱效率和能量效率方面具有重要的研究价值。

随着信道测量技术的发展，越来越多的研究成果证明，无线多径信道在高维空间具有较强的稀疏结构，如时延扩展域、多普勒扩展域、多天线域或空间角域，大部分信道自由度在信号的高维空间接近于零或者等于零。对于稀疏信道，对信道冲激响应的采样得到离散近似，通过正交基的投影等方式获取信道的稀疏表示，进而采用稀疏重构算法进行稀疏信道估计。考虑信道稀疏结构特性的信道估计，利用信道的稀疏特性，信号序列中训练序列的长度大幅减少，同样可以获得较为精确的信道估计性能。因此，稀疏信道估计技术能够很好地提高资源利用率，节约日益紧张的频谱资源。近年来兴起的压缩感知理论促使稀疏信号处理技术蓬勃发展，同时为稀疏信道估计技术提供了强有力的理论支撑。

稀疏信道估计需要分析信道的稀疏结构信息，建立信道的稀疏模型，在此基础上利用稀疏信号重建理论获取稀疏解。压缩感知(Compressed Sensing，CS)理论因其能够有效挖掘高维信号中的稀疏结构而受到了广泛关注，尤其在无线通信和感知系统中得到了初步成功应用，例如，基于压缩感知方法的无线通信系统中稀疏多径信道估计降低了导频信号使用量，大幅提高了频谱资源的利用率。

对协同中继通信系统进行稀疏信道估计，压缩感知信道估计技术的研究意义在于如何节约频谱资源，以达到提高频谱资源利用率的目的，进而实现绿色通信。基于压缩感知理论的稀疏信道估计的思想是，在保证系统可靠通信的条件下，所需要的导频信号资源相对较少，所以能够大幅提高频谱利用率，从而降低通信成本。因此，研究基于压缩感知理论的稀疏信道估计技术，对于未来通信技术的发展而言，具有重要的理论研究意义和工程参考价值。本书以压缩感知理论为基础，重点研究协同通信系统的信道估计技术。

1.2.1 协同无线通信系统信道估计技术

中继协同技术的最初思路来自中国古代长城的烽火台，古代战争时期，烟火成为战士们传递信息的有效方式之一。近年来，随着人们在无线通信领域的深入研究，中继技术逐渐演化为协同通信技术，并针对实际的通信系统，提出了多种协同通信传输方式，Sendonaris 等人对协同通信的概念进行了明确的定义。同时，Laneman 等人也开始对协同通信技术进行相关的研究，并且提出了几种简单、有效的协同传输方式，深入分析了所提出的协同传输技术的性能。以上研究成果对协同通信技术的研究起到了极大的推动作用，同时引起了学术界以及工业界的广泛关注。

协同中继技术的引入克服了多天线系统的缺点。在多天线系统中，信源端和信宿端都配置多个天线，以达到多输入多输出的目的，系统能够显著地提高数据传输速率，并大幅增强系统的可靠性。但是，MIMO 系统对无线多径传输环境中的散射等因素有极其严格的要求。除此之外，天线之间的相关性、信道传输矩阵的阶数都使 MIMO 系统具有局限性，也就是说，天线之间的高度相关致使信道中独立散射多径信道的数目大幅减少，进而直接降低 MIMO 系统的空间分集复用增益。在协同通信系统中，需要相互通信的两个节点，由于两点间的通信链路质量太差，而不能够完成可靠的通信，此时，引入的第三个节点将扮演中继的角色协助它们完成信息的传输。由此可知，天线间相关性所引起的系统空间分集复用增益的降低可由中继节点给予弱化。在协同系统中，源节点到目的节点之间的直传链路信号，以及通过中继节点转发的信号，由目的节点进行合并处理，该机制可以提高系统的空间分集复用增益。协同中继通信技术的应用在提高通信系统的容量和可靠性、节约系统能源等方面具有很突出的表现。

在协同通信系统中,信号的传输主要分为两个阶段:第一阶段为广播阶段,也称为第一时隙,在该阶段,源节点以广播的方式向中继端点和目的端点发送信号;第二阶段为协同阶段,在第二时隙期间,源节点停止发送信号,中继端点将接收到的信号转发给目的端点,目的端点对不同路径传输来的信号进行合并以及判决译码等。源端点与目的端点之间的中继端点所处的通信环境和地理位置都不相同,信噪比的环境也大不相同,因此造成每个中继节点所接收到的信号强度与时延存在差异。在协同阶段,如果能够选择最优的中继端点,就会提高目的节点接收信号的强度,进而降低系统的误比特率,提高系统的整体性能。而中继节点的选择策略,很大程度上取决于对信道状态的了解。因此,对中继协同信道进行信道状态信息的估计是很有必要的。

1.2.2 密集信道下协同中继系统信道估计算法

目前,点对点通信系统多径信道估计算法方面有了大量成果,协同中继通信系统信道估计方面的研究相对较少。由于协同中继通信系统的信道特性与点对点系统的信道特性大不相同,所以信道估计的算法不能简单照搬应用。协同中继通信系统的信道是多个信道冲激响应的卷积形成的,比如,协同中继系统中典型的三点结构——源节点 S、中继节点 R 和目的节点 D,在放大转发模式下,为了减少中继节点的负担,一般考虑在目的节点处估计整个传输信道的冲激响应,此时的信道是 S-R 链路以及 R-D 链路两个信道向量的卷积形成的级联信道。如果沿用点对点通信系统的信道估计思路,需要在中继节点和目的节点处分别进行信道估计,中继节点需要把其估计的 S-R 链路的信道状态信息发送给目的节点,这样不但会带来时延,同时也会引入噪声的影响。

按照是否发送导频序列,中继信道估计的算法大致可分为两类:盲信道估计和非盲信道估计。

非盲信道估计算法通过占用系统的部分频带资源,在收发两端约定的时隙或载波位置处插入导频信息,实现对信道状态信息(Channel State Information,CSI)的跟踪和估计。根据对估计精度及算法复杂度的要求,接收端采用相应的估计准则,首先估计出导频所在位置处的信道状态信息,然后通过内插算法获得非导频位置处的 CSI。该类方法一般称为基于导频的信道估计算法,此类算法根据系统对信道估计精度的要求以及无线信道的衰落特性,在时间和/或频率域插入适量的导频信息,即便是在快时变衰落的信道环境下,也能够估计出较为精确的信道状态信息。

盲信道估计算法主要根据经验信息,分析接收信号的统计特性,达到获取信道状态信息的目的。该类算法不需要发送导频序列,无须占用系统频谱资源。不过,盲信道估计算法需要对大量的接收数据进行处理,无疑增加了算法的复杂度,因此不能有效实时跟踪信道的变化，所获得的信道信息误差会比较大，盲信道估计算法很难在实际中有效应用。近年来，随着人们对协同中继通信技术的关注，针对该系统的信道估计成果也逐渐增多，表1-3中列出了密集多径环境中信道估计方面的部分成果。

表1-3 协同中继系统信道估计方面的突出成果

年 代	作 者	贡 献
2008年	高飞飞	针对单天线放大转发双向中继系统，提出基于训练序列的最大似然估计算法，其估计的性能逼近克拉美罗界
2009年	高飞飞	在OFDM中继协同信道中，提出基于块训练的信道估计思路，首次对中继系统的级联信道进行了估计
2010年	Pham T	针对MIMO-OFDM双向中继协同通信系统，对于多链路的复合信道，提出期望条件最大化的信道估计算法
2012年	Rong Y	在两跳MIMO多中继协同通信系统中，提出了基于平行因子分析的信道估计算法
2012年	Xu Xiaoyan	针对MIMO中继协同通信系统，提出基于叠加训练序列的方案，具体采用LMMSE算法进行信道估计，其估计的性能逼近克拉美罗界
2012年	Abdallah	在单天线双向中继协同网络中，提出了基于恒定模数处理的思想，具体采用确定性最大似然算法
2013年	Abdallah	在单天线双向中继协同网络中，提出基于期望最大化算法的半盲信道估计算法
2014年～		稀疏度自适应中继信道估计、波束赋形中继信道估计

针对密集多径信道环境的协同通信系统信道估计问题，国内外已有很多研究成果。主要成果为：基于最优训练序列的协同中继信道估计问题，包括放大转发单中继单向网络、双向中继网络和多中继协同系统信道估计算法研究，在协同中继信道估计方面做出了开创性的工作；MIMO双向协同中继系统信道估计以及训练序列的设计方面有很好的成果；采用平行因子分析的方案对MIMO多中继系统进行了信道估计；采用LMMSE算法做出了MIMO单中继协同系统的信道估计；由于MIMO系统具有空间分集的作用，研究者提出分布式编码协同中继系统的信道估计思路，主要采用训练序列的设计，提出对源节点与中继节点之间的信道以及中继节点到目的节点之间的信道分别进行估计，并且对源端点和中继节点处的序列分别进行设计，进而进行多链路信道的重构。

协同中继系统信道估计的成果主要集中于单天线协同中继系统，MIMO协同中继信道估计方面的公开报道还非常少，现有的研究成果多是基于训练序列的信道估计。具体采用的算法主要包括最小二乘(Least Squares，LS)法、最大似然估计算法、期望最大化(Expectation Maximization，EM)算法和线性最小均方误差(Linear Minimum Mean Square Error，LMMSE)算法等。这些研究均是在密集多径信道假设的基础上开展的，其中LMMSE、ML以及EM算法的估计精确度比较高，但计算复杂度也比较高，LS算法的估计准确度相比较低,但是其复杂度也很低。利用以上算法在考虑最优序列设计时,需要的训练序列比较多,而这些信号并不包括需要传输的有用信息,也就是占用了系统大量的频谱资源,导致频谱利用率降低,不利于绿色通信的开展。因此,如何利用较少的训练信号获取较准确的信道估计精度,成为近年来的研究热点。因为,训练信号越少,系统被额外占用的资源就越少,系统中的频谱利用率就会越高,所以系统的整体性能也将会大幅提升。压缩感知理论的诞生使稀疏信号处理理论得到了进一步的发展,为上述问题提供了理论基础。

1.2.3 基于压缩感知的稀疏协同信道估计

2002年,Shane F. Cotter等人提出了一种基于匹配追踪算法的稀疏多径信道估计思路。随后,匹配追踪算法广泛应用于无线多径衰落信道以及OFDM通信系统的稀疏信道估计中。基于匹配追踪稀疏信道估计的算法只是从实现的角度进行了分析,缺乏理论支持。随着压缩感知理论的出现与发展,针对不同信道衰落环境和不同的通信系统,学者们提出了大量基于该理论的稀疏多径信道估计算法。这些算法主要集中于稀疏多径信道估计的可行性和理论分析两个方面。美国斯坦福大学的Dr. Bajwa等人定性地描述了多径信道在高维空间具有很强的稀疏特性,提出了基于压缩感知理论的稀疏多径信道估计方法,并称之为压缩信道感知。澳大利亚维也纳理工大学的Dr. Taubock等人在多载波通信系统中提出了压缩感知双选择性衰落信道估计方法。国内方面,如电子科技大学、北京邮电大学、上海交通大学、西安交通大学、南京邮电大学等很多高校也开展了基于压缩感知稀疏信道估计的研究,并取得了很好的研究成果。

稀疏信道估计方面的成果主要集中于点对点通信系统的场景,协同中继系统稀疏信道估计方面的研究相对较少,目前在该方面取得的成果主要是基于压缩感知理论的信道重构。对于点对点通信系统,利用多径信道的稀疏特性,只要设计满足严格等距特性的观测矩阵,就可以利用压缩感知理论重构出所需要的信道冲激响应。然而,对于协同中继系统,尤其是放大转发协议下的信道估计,需要估计级联信道状态信息。所以,点对点通信系统稀疏多径信道估计的思路不能简单应用于协同中继信道中。首先,结合协同中继通信系统的信道特点,对于多个满足稀疏分布特性的信道,进行卷积运算后产生新的信道,需要验证该新的信道是否具有稀疏特性,如果该级联信道满足稀疏分布特性或者聚类稀疏分布特性,才能应用稀疏信号处理的理论进行稀疏信道估计。其次,对于级联信道的稀疏表示,由于该类信道的模型与点对点系统有很多差异,需要经过复杂的数学变换,才可利用压缩感知理论进行信道模型的稀疏表示。

综合国内外协同通信系统中稀疏信道估计的研究现状,针对单天线双向中继系统的稀疏信道估计成果比较多,故本书不做研究。在单天线单向中继系统的稀疏信道估计方面,大部分的研究成果是基于平坦衰落信道的稀疏信道估计,由于无线通信环境中常存在频率选择性衰落的特点,所以要考虑应对措施,本书引入OFDM技术,对单中继协同OFDM通信系统进行稀疏信道估计。在多天线中继协同系统和多中继系统的稀疏信道估计方面，成果较少。另外，目前针对协同中继稀疏信道估计的研究大部分是在稀疏度先验已知的基础上进行的，基于稀疏度自适应的协同中继系统信道估计方面的成果仍然不足。基于以上分析，本书以压缩感知理论为工具，研究单中继节点的稀疏信道估计问题，主要包括基于期望最大化算法的 MIMO 中继系统信道估计、零吸引最小均方协同通信系统信道估计、加权 l_p 范数约束的自适应滤波信道估计算法、变步长 l_p-LMS 算法的稀疏系统辨识、基于对数和约束的 LMS 稀疏信道估计算法。

1.3 信号检测技术

近年来，人工智能的发展与应用成功推动了各个领域的发展。随着科技时代的发展以及人民生活水平的提升，大数据、云计算时代已经到来，相关设备以及通信系统的各关键技术的计算能力也大幅度提高，这对于当前人工智能相关算法提出了技术难题。在此背景下，深度学习(Deep Learning，DL)因在解决非线性问题方面具有巨大的潜力而受到人们的关注。深度学习是基于大量训练数据集，采用一种循环迭代的方式对神经网络进行优化，从而使神经网络具备一种对数据表征的能力。常见的神经网络架构有深度神经网络(Deep Neural Network，DNN)、卷积神经网络(Convolutional Neural Network，CNN)、递归神经网络(Recurrent Neural Network，RNN)等。迄今为止，深度学习理论已广泛应用在社会各个行业，如计算机视觉、语音信号处理，自然语言处理以及模式识别等领域，并取得了良好的效果。促进深度学习在各个领域的应用主要有两个方面的原因：原因一，基于大量的数据集对神经网络进行训练，因此优化的神经网络在实际中的应用具有更强的稳健性。原因二，线下训练优化得到的神经网络，将其应用到线上问题时，不需要大量的迭代计算过程，且只涉及矩阵、向量乘法等几层简单运算，因此可降低整体的计算复杂度。此外，随着大规模并行处理架构的快速发展，DNN 可以在这些硬件环境下高速运行，并且可以很方便地获取低精度的数据类型，促进了深度学习算法的发展与应用。在这些优势的推动下，深度学习被引入无线通信物理层，并在通信系统各个模块中取得了卓越的性能，特别是在信号检测和信道状态信息反馈方面，深度学习不失为一种良好的途径。

本书将 MIMO 通信系统中的信号检测问题、信道反馈问题分别与深度学习相融合，利用深度学习技术优化 MIMO 信号检测和信道反馈问题，提高信号检测与信道恢复的准确性，降低系统的复杂度。

1.3.1 基于传统算法的信号检测方法

传统的信号检测算法主要分为三种：第一种是最大似然(Maximum Likelihood，ML)检测算法，也是理论最优的算法；第二种是线性信号检测算法；第三种是非线性的信号检测方法。

最大似然检测算法是理论上检测效果最好的方法，该算法采用最短欧几里得距离的数学方法求出原始信号，可表示为

$$\boldsymbol{x}_{\mathrm{ml}}=\arg\min_{\boldsymbol{x}\in\boldsymbol{S}}\|\boldsymbol{y}-\boldsymbol{hx}\|^2 \tag{1-1}$$

其中：$\boldsymbol{S}$ 为 $\boldsymbol{x}$ 的取值空间；$\| * \|^2$ 为欧几里得范数的平方，表示信号的能量，其物理意义为，以接收信号 $\boldsymbol{y}$ 和 $\boldsymbol{hx}$ 的最短欧几里得距离为评判标准来衡量估计值与目标值之间的误差，从而求出发送信号的值。最大似然检测算法是通过遍历搜索的方法进行信号检测。然而，随着天线数量的增加，此类全局搜索机制将使系统复杂性和计算复杂度大幅增加。因此，这种最优检测算法难以在实际系统中应用。

线性信号检测方法主要包括迫零(Zero Forcing，ZF)算法、最小均方误差(Minimum Mean Squared Error，MMSE)算法等。这类方法都是通过对接收端接收的信号进行线性变换，换算出发送端所发送的信号，可表示为

$$\boldsymbol{x}=\boldsymbol{Ty} \tag{1-2}$$

其中，$\boldsymbol{T}$ 为线性变换矩阵。可以通过改变 $\boldsymbol{T}$ 来探索不同的检测算法，如 ZF 算法、最小均方误差算法。采用 ZF 算法时，线性变换矩阵为

$$\boldsymbol{T}=(\boldsymbol{h}^{\mathrm{H}}\boldsymbol{h})^{-1}\boldsymbol{h}^{\mathrm{H}} \tag{1-3}$$

ZF 算法计算复杂度较低，其主要通过计算矩阵相乘以及矩阵求逆的过程实现信号检测的目的，通过消除不同天线之间的干扰，提升信号检测性能。采用均方误差算法时，线性变换矩阵为

$$\boldsymbol{T}=\arg\min_{\boldsymbol{T}}E[\|\boldsymbol{Ty}-\boldsymbol{x}\|^2]=(\boldsymbol{h}^{\mathrm{H}}\boldsymbol{h}+\sigma_n^2\boldsymbol{I})^{-1}\boldsymbol{h}^{\mathrm{H}} \tag{1-4}$$

其中，$E[\cdot]$是取期望值。该算法在 ZF 算法的基础上增加 $\sigma_n^2\boldsymbol{I}$ 一项，将噪声的统计特性作为信号的修正项，从而达到抑制噪声的效果。相对于最大似然检测算法来说，ZF 线性检测算法的复杂度显著下降，代价是信号检测的准确度将会降低。

与线性信号检测方法相比，非线性信号检测方法具有较高的信号检测性能，但计算复杂度有所增加。其中，球形解码器(Sphere Decoding, SD)是一种基于搜索机制的检测算法，它的搜索过程限制在以接收信号点为中心的一定半径的球内；此外，连续干扰消除(Successive Interference Cancellation, SIC)是先检测获取来自首个发射天线的信号，然后从接收的总信号中舍去之前检测得到的信号，依次检测出来自所有发射天线的信号；半定松弛(SemiDefinite Relaxation, SDR)算法通过将最大似然问题转化为半正定规划凸优化问题进行求解，从而检测出相应的信号。

1.3.2 基于深度学习的信号检测方法

随着深度学习理论的广泛运用,有学者利用深度学习理论以一种端到端的方式解决联合信道估计和符号检测问题,提出基于深度学习的信道状态信息估计,直接恢复出传输的符号信息,在训练导频较少、没有循环前缀、非线性限幅噪声存在的情况下,具有更好的检测性能和系统稳健性。该方法是将深度神经网络作为"黑匣子",基于大量的训练集学习输入值与输出值之间的内在关系,从而有效应用于信号检测中。然而,由于其深度学习算法具有较高的复杂性,解耦信道估计和符号检测仍然是实际通信系统中广泛采用的方法。目前,研究者将一些传统方法以展开的思想构建神经网络框架,从而进一步提升信号检测的性能。对于时不变信道和随机变量已知的信道场景,提出了基于最大似然检测算法和投影梯度下降法,得到了适用于二进制数据检测的 DetNet 网络结构。研究表明,DetNet 网络的信号检测精度可以达到传统算法 SDR 的精度,并且检测速度达到 SDR 的 30 倍。另外,基于正交近似消息传递(Orthogonal Approximate Message Passing,OAMP)算法搭建神经网络框架,基于置信传播(Belief Propagation,BP)算法为底层图搭建神经网络结构,这些网络都是通过优化一些参数从而达到可以处理时变信道的效果。研究结果表明,在独立的瑞利和相关的 MIMO 信道下,神经网络的性能明显优于传统算法本身。

1.4 信道反馈技术

在大规模 MIMO 通信系统中,常采用预编码技术进一步提升系统的频谱效率。但是,预编码技术的前提是基站端准确地获取信道状态信息。没有准确的信道状态信息,预编码技术难以进行实际应用,因此,基站端得到准确的信道状态信息是通信系统中的一个关键环节。针对 MIMO 系统信道状态信息反馈问题,分别从传统算法和深度学习两种角度介绍国内外的研究现状。

1.4.1 基于传统方法的信道反馈算法

经典的信道反馈算法主要有两类,一是基于码本的方法,二是基于压缩感知的方法。在大规模 MIMO 系统中,随着天线数量的增加,所采用的码本越来越烦琐,最终导致计算复杂度也随之增加,因此基于码本的信道反馈算法难以在实际系统中应用。压缩感知方法的基本思想是利用信号中的稀疏结构,通过少量的测量值捕获稀疏信号的非零元素。有研究者提出利用大规模 MIMO 中信道之间的空间相关性,将具备相关性的信号通过某些变换进行稀疏表示,如 DFT 变换,最终依据压缩感知的理论在基站端恢复出信道矩阵。此外,近年来新提出的基于大规模 MIMO 系统信道状态信息反馈方案,即采用差分信道脉冲响应对信号进一步稀疏化，在保持精度不变的情况下，降低了反馈开销。为了进一步提高信道反馈的精度，相关研究者将深度学习引入信道反馈问题，并取得了初步的效果。

1.4.2 基于深度学习的信道反馈算法

当前，一些团队将深度学习理论应用于信道状态信息反馈中。其中，基于 FDD 模式的大规模 MIMO 系统首次采用 CsiNet 信道状态信息反馈机制，该机制中，基站端配置自动编码器将信道状态信息压缩编码为码字向量，用户端通过自动解码器将码字向量恢复出信道状态信息；编码器将信道状态信息压缩成码字，发送至用户端，不仅提高了信道状态信息的重建准确度，而且有效地降低了需要反馈的信道状态信息的数据量以及反馈链路开销。基于 CsiNet 网络，研究者提出了适用于时变系统的 CsiNet-LSTM 信道状态信息反馈机制，采用大量的数据集样本，学习信道之间的空间结构特征和时间相关性，从而提高信道矩阵的恢复质量，改善了压缩比与复杂度之间的权衡。但是，CsiNet-LSTM 网络中存在大量的长短时记忆(Long-short Time Memory，LSTM)单元，导致反馈机制中存在大量的训练参数，从而增加了系统的复杂性。基于 CsiNet 的 CSI 反馈方案在编码器和解码器中引入长短时记忆，设计了压缩和解压缩模块，有效地利用了信道的相关性，从而提高信道反馈的准确度。然而，这些研究只对室内场景下做了性能分析，没有讨论室外场景的性能。科研工作者尝试在编码器网络中引入 LSTM 网络代替原来的全连接网络，当压缩比很高时，LSTM 网络可以充分利用信道矩阵间的相关性，保留重要信息；另一种思路是，在解码器网络中加入了注意机制，可以充分利用 CNN 的特征图，提高了信道反馈机制的性能；可以通过设置“提前停止”用于训练步骤，避免了过度拟合，使网络收敛速度更快，并且在训练步骤上节省了大量的时间。

目前，主要通过两种方式将深度学习引用到通信物理层问题中。第一种是基于“展开”的思想，将传统的迭代算法展开为迭代操作链，且神经网络的每一层相当于每次迭代计算，该专用网络框架凭借离线训练可以很好地近似传统的迭代算法。其中，基于“展开”正交近似消息传递(Orthogonal Approximate Message Passing，OAMP)算法，设计了用于 MIMO 检测的多层神经网络。经过一定次数的循环迭代训练，该网络具备比传统 OAMP 更好的检测性能。然而，该类“展开”的想法仅在迭代具有简单结构时才可行。如果迭代面临计算量大的操作(如矩阵求逆或奇异值分解)，则“展开”类型的设计不可行。

另一种将深度学习应用到通信物理层的方法是，将一般的 DNN 作为一个“黑盒子”，并尝试学习它的输入和输出之间的底层关系，正如通用逼近定理中证明的那样，具有单个隐藏层的前馈网络(称为浅层神经网络)能够逼近紧集上定义的任何连续函数。与浅层神经网络相比，由于更多的隐藏层和神经元，DNN 具有更强大的学习能力。目前，已经提出许多基于 DNN 的方法来解决无线通信中的问题，如波束成形、信道状态信息反馈、调制识别、信道编码和解码、信道估计和信号检测。特别是针对频率选择信道的正交频分复用(Orthogonal Frequency Division Multiplexing,OFDM)系统,基于DNN的联合信道估计和符号检测算法,在考虑系统缺陷和非线性的情况下优于传统的最小均方误差算法估计。对于时变信道,基于深度学习的学习辅助信道估计算法具有比最小二乘估计更好的估计性能。

第2章 稀疏信号重建

2.1 引　　言

压缩感知理论是近年来在稀疏信号处理领域发展起来的一种新理论，自从该理论公开发表之后，得到了各界学者的关注。在传统的信号处理理论中，接收机对信号能否正确恢复的一个重要理论依据就是信号采样是否满足奈奎斯特采样定理。压缩感知理论对其提出了公然挑战，该理论证明，对于稀疏信号以及可以压缩处理的信号，仅利用少量的测量值就能够充分代表信号的全部信息，通过在系统的接收端设计特定的恢复算法，可以对代表信号信息的少量测量值实现无失真的重构。压缩感知理论已经受到业界的广泛关注和认可，该理论也得到了更加深入的研究，并且广泛地应用于图像处理、雷达、宽带无线通信等领域。压缩感知理论不同于传统的奈奎斯特采样定理，该理论只需信号在某个变换域是稀疏的，就可以用较少的采样得到信号的稀疏表示，也就是通过利用观测矩阵以及变换基，将信号投影到低维空间，需要注意的是该观测矩阵必须与变换基不相关。"稀疏"是指信号在变换域中的加权系数大部分为零。显然，如果一个信号在某个变换基下是稀疏的，该信号完全可以用由非零加权系数构成的基向量表示，确定非零系数时，需要对所有的系数进行计算，这里要求采样数尽可能和基函数相同。在实际中运用压缩感知理论，需要解决两个问题：对于一种可行的采样方案，能否满足不相关特性的要求；从采样符号中重建原始信号是否存在计算上可行的算法。

2.2 压缩感知理论

压缩感知理论在实际应用时，将数据采样和数据压缩合并为一个步骤，利用计算复杂度换取高昂的硬件资源，即使用尽量少的感知传感器采样获取大部分目标信息，如图2-1所示。

图2-1　基于压缩感知理论的信号处理框架

压缩感知理论的核心思想是压缩与采样并行开展，在应用时分为三个基本步骤：① 提取信号的特征，对信号进行稀疏表示；② 采集稀疏表示后的测量值；③ 根据测量值对信号进行重构。由图 2-1 可知，基于压缩感知理论的信号采集系统将模拟信号直接转换为压缩的数字信号，并传输或存储；在接收端，利用稀疏重建算法就可由观测信号重构出所需要的原始信号。由此可知，利用压缩感知理论进行信号采集时，模拟信号转换为数字信号时不再以统一的采样率，而是利用实验性函数建立观测矩阵，通过观测的方式得到原始信号极少量的采样值。

有关的信道测量实验表明，宽带传输的信号会导致无线信道表现为非常明显的稀疏特性。因此，压缩感知技术可以为信道估计问题提供全新的研究思路，为提高未来通信系统的整体性能提供有力的支持。

压缩感知应用到稀疏信号处理中需要解决三个方面的问题：稀疏表示（Sparse representation，SR）、观测矩阵的特性以及压缩感知重建信号。

2.3 信号的稀疏表示

信号的稀疏表示就是将某个信号随机映射到一个特征空间，大部分基表示系数的绝对值接近于零或者等于零。

对于一个给定的 N 维任意复矢量信号 $\boldsymbol{x}$，通常情况下可以用任意基 ϕ_k 与相对应的加权系数 β_k 的线性组合表示，其中 $k=1,2,\cdots,N$。$\boldsymbol{x}$ 可以表示为

$$\boldsymbol{x}=\boldsymbol{\Phi\beta} \tag{2-1}$$

其中，$\boldsymbol{\Phi}=[\phi_1,\phi_2,\cdots,\phi_N]$为 $N\times N$ 维满秩基矩阵，$\boldsymbol{\beta}=[\beta_1,\beta_2,\cdots\beta_N]^{\mathrm{T}}$ 为 $N\times 1$ 维由加权系数列向量组成的矩阵。由式(2-1)可知，$\boldsymbol{x}$ 与 $\boldsymbol{\beta}$ 为同一信号的等价表示。为便于理解，可借用傅里叶变换来解释：假设 $\boldsymbol{\beta}$ 是有限长的时域离散信号，$\boldsymbol{x}$ 是相应的频域表示，则矩阵 $\boldsymbol{\Phi}$ 就是离散傅里叶变换矩阵。如果 $\boldsymbol{\beta}$ 中非零值的个数 M 远远小于实际信号的维数 N，则说明该信号是稀疏的、可压缩的。通常情况下，稀疏信号可以用极少数加权系数与某个正交基的线性组合来表示，也就是说它能在某个正交基下稀疏表示。应用压缩感知理论解决实际问题的首要任务就是找到适合信号变换的正交基，通过投影表示，获取信号的稀疏表示，也就是说，对于已知信号 $\boldsymbol{x}$，可以选择基$\{\phi_k\}_{k=1}^N$下对应的 k_0 个系数 β_{k_0} 表示，而其他的所有系数 β_k 都为零。

如果信号能用一个正交基$\{\phi_k\}_{k=1}^N$与一组仅有 d 个非零系数的向量 $\boldsymbol{x}_k$ 精确表示，则称该信号是稀疏度为 d 的信号，也称为 d 稀疏信号。如果信号能够由 d 个非零系数的线性组合逼近，则称该信号为近似 d 稀疏信号。实际应用中，信号所需要的精度取决于实际情况，稀疏信号的重构误差具有随着 d 值的增加而增大的特点，因此只要适当减小 d，就能达到所需要的重构精度。

2.4 观测矩阵的特性

假设 x 是已知的，通过基 $\{\phi_k\}_{k=1}^{N}$ 与稀疏系数 β_k 变换到一个稀疏域。这种变换形式确实对数据压缩具有很大的意义，但是压缩感知的真正应用是从 M 个测量值 $y_l=\boldsymbol{\varphi}_l^{\mathrm{H}}x+v_l$ $(l=1,\cdots,M)$ 中采样，其中 v_l 表示均值为 0、方差为 σ_0 的复高斯噪声信号，对于理想无噪的情况，方差 $\sigma_0\rightarrow 0$。信号的获取过程可以用 $M\times N$ 维矩阵 $\boldsymbol{A}$ 表示为如下形式：

$$\boldsymbol{y}=\boldsymbol{\Psi}^{\mathrm{H}}\boldsymbol{x}+\boldsymbol{v}=\underbrace{\boldsymbol{\Psi}^{\mathrm{H}}\boldsymbol{\Phi}}_{\boldsymbol{A}}\boldsymbol{\beta}+\boldsymbol{v}=\boldsymbol{A}\boldsymbol{x}+\boldsymbol{v} \tag{2-2}$$

其中，$\boldsymbol{\Psi}=[\varphi_1,\varphi_2,\cdots,\varphi_M]$ 为 $N\times M$ 维矩阵，$\boldsymbol{y}=[y_1,y_2,\cdots,y_M]^{\mathrm{T}}$ 是测量向量。对于上述简单的线性高斯模型，只要矩阵 $\boldsymbol{A}$ 的秩大于等于 N，则求解该问题为适定问题，利用适定性，存在某些方法能够估计出 $\hat{\boldsymbol{x}}$（或 $\hat{\boldsymbol{\beta}}$），并且估计误差是与噪声的方差成比例的，当噪声方差趋近于 0 时，估计误差也为 0，如果 x 在 $\mathbb{C}^N$ 是非约束的，通常要求测量值 $M\leqslant N$。

压缩感知的目标就是利用尽可能少的测量值，以尽可能高的概率重构原始信号。在 CS 研究中，关于测量矩阵的研究提出了两种特性，分别是严格等距特性（Restrictly Isometry Property，RIP）和互不相干特性（Mutually Incoherent Property，MIP）。

1. 信号恢复与严格等距特性

压缩感知的创新性在于，对于 $\{\phi_k\}_{k=1}^{N}$ 域 d 稀疏的信号 $\boldsymbol{x}$，用很少的测量向量就足以转化为适定问题，前提为矩阵 $\boldsymbol{A}$ 要满足受限等距特性。即存在一个受限等距常量 $\delta_d\in(0,1)$，使得矩阵 $\boldsymbol{A}$ 对于 d 稀疏向量满足：

$$(1-\delta_d)\|\boldsymbol{x}\|_2^2\leqslant\|\boldsymbol{A}\boldsymbol{x}\|_2^2\leqslant(1+\delta_d)\|\boldsymbol{x}\|_2^2 \tag{2-3}$$

严格等距特性准则表明当测量值的数目满足 $M\geqslant d\log_2\left(\dfrac{N}{d}\right)$ 时，$\boldsymbol{y}=\boldsymbol{\Psi}^{\mathrm{H}}\boldsymbol{x}$ 能够得到精确解，进而重构出原始信号。该准则的物理意义在于，避免将不同的稀疏信号映射到同一个集合内。

评价一个矩阵是否满足 RIP 性质，是一个非线性规划问题。很多种矩阵能以很高的概率满足 RIP 性质，即对于任意的 $d\ll M$ 都有 $\delta_d\ll 1$，如服从高斯分布、伯努利分布的矩阵或由 $N\times N$ 维正交矩阵的任意行组合的矩阵（如 DFT）。有了最严格的约束条件，有利于给出所需要的较少测量向量的数目 M。

2. 互不相干特性

对于一个任意给定的测量矩阵 $\boldsymbol{A}$，同其相对应的感知测量矩阵为 $\boldsymbol{W}$。David Donoho 和 Xiaoming Huo 提出了测量矩阵 $\boldsymbol{A}$ 的 MIP 特性。对于测量矩阵 $\boldsymbol{A}$，MIP 主要分析它的所有列矢量 $\boldsymbol{a}_i(i=1,2,\cdots,N)$ 之间的相关性。MIP 越小意味着准确重建的概率越高，反之亦然。

这里，测量矩阵 $\boldsymbol{A}$ 的 MIP 特性定义为

$$\mu_{AA}=\sqrt{N}\max_{i\neq j,\ i,k\in\{1,2,\cdots,N\}}|\langle \boldsymbol{a}_i,\boldsymbol{a}_j\rangle| \tag{2-4}$$

测量矩阵 $\boldsymbol{A}$ 与感知测量矩阵 $\boldsymbol{W}$ 之间的 MIP 定义为

$$\mu_{WA}=\sqrt{N}\max_{i\neq j,\ i,k\in\{1,2,\cdots,N\}}|\langle \boldsymbol{w}_i,\boldsymbol{a}_j\rangle| \tag{2-5}$$

对于噪声测量信号模型 $\boldsymbol{y}=\boldsymbol{Ax}+\boldsymbol{v}$，如果测量矩阵 $\boldsymbol{A}$ 的互不相干参数 μ_{AA} 满足下面的重构条件：

$$(2d-1)\mu_{AA}<1 \tag{2-6}$$

则可以保证能够以很高的概率精确重建 d 稀疏信号 $\boldsymbol{x}$。

2.5 压缩感知重建算法

2.5.1 常用范数的定义

对于向量 $\boldsymbol{x}$，常用范数的定义如下。

(1) l_0 范数（或称 0 范数）

$$\|\boldsymbol{x}\|_0 \overset{\text{def}}{=} \text{非零元素的个数} \tag{2-7}$$

(2) l_1 范数（或称和范数、1 范数）

$$\|\boldsymbol{x}\|_1 \overset{\text{def}}{=} \sum_{i=1}^{n}|x_i| = |x_1|+|x_2|+\cdots+|x_n| \tag{2-8}$$

(3) l_2 范数（或称欧几里得范数）

$$\|\boldsymbol{x}\|_2=(\sum_{i=1}^{n}|x_i|^2)^{\frac{1}{2}} \tag{2-9}$$

(4) l_p 范数

当 $p\geqslant 1$ 时，l_p 范数定义为

$$\|\boldsymbol{x}\|_p=(\sum_{i=1}^{n}|x_i|^p)^{\frac{1}{p}},\quad p\geqslant 1 \tag{2-10}$$

当 $0<p<1$ 时，式(2-10)定义的函数并非真正的范数，有时被称为 l_q 范数，为了便于理解，后续算法章节中用 l_p 表示此类范数。l_0 范数并非严格意义上的范数，不满足范数公理中的齐次性，只是一种虚拟的范数，但是 l_0 范数在稀疏表示中起着非常关键的作用。

2.5.2 重建算法

压缩感知理论的思想是将传统的信号采样步骤与压缩步骤合并，通过已知的非线性测量矩阵与观测得到的信号，利用有效的稀疏重建算法准确重建原始稀疏信号。稀疏信号的重建算法是压缩感知的核心理论之一，从数学理论上看，零范数最优化算法可以获得最优稀疏解。但是，零范数最优化算法是一个（Nondeterministic Polynomial-time，NP）难题，也就是说求解这种零范数最优化解是一个不确定性问题。

斯坦福大学的 David Donoho 教授从理论上证明，如果测量矩阵满足互不相干特性，利用凸松弛算法可以近似求解零范数最优化算法并得到次优解（Suboptimal Solution）。斯坦福大学的 Emmanuel Candes 教授从随机测量矩阵的严格等距特性出发，证明如果测量矩阵满足 RIP，则凸松弛算法也可以近似求解零范数最优化非确定性多项式难题。基追踪（Basis Pursuit，BP）算法、最小绝对值收缩和选择算子（Least Absolute Shrinkage and Selection Operator，Lasso）算法、基于 l_q 范数的最优化算法、Dantzig 选择（Dantzig Selector，DS）算法、迭代重加权 l_1 范数最小化算法、梯度映射稀疏重构算法都属于凸松弛算法。其中，根据算子范数的不同，BP、Lasso 和 DS 算法有时候统称为混合范数算法。

与传统线性信号重建算法相比，凸松弛算法的计算要复杂得多。主要是因为凸松弛算法需要转化为线性规划来求解。另外，在实际信号处理系统中，凸松弛算法实现起来也非常困难。所以，在信号处理领域，有必要发展计算复杂度低的稀疏重建算法。随着压缩感知理论的发展，涌现出了很多复杂度较低的稀疏重建算法，如贪婪算法、凸优化算法以及其他算法等。业界对贪婪算法的研究比较深入，分类也更详细。凸优化算法主要包括基追踪算法，基于 l_1 范数的基追踪算法、梯度投影（Gradient Projection of Sparse Reconstruction，GPSR）算法等。

1. 凸优化算法

由于采用精确的 l_0 范数求稀疏解非常困难，并且效率不高，因此此类问题通常转化为以下凸松弛问题：

$$\hat{\boldsymbol{x}}=\arg\min_{x}\left\{\frac{1}{2}\|\boldsymbol{A}\boldsymbol{x}-\boldsymbol{y}\|_2^2+\xi\|\boldsymbol{x}\|_1\right\} \tag{2-11}$$

l_1 范数广泛应用于求稀疏解的算法，尤其用于基追踪算法中。

l_1 范数逼近 l_0 范数的理论分析：从几何学的角度，可以分析说明在二维欧几里得空间，l_1 范数逼近 l_0 范数的原理。

图 2-2 中的直线 $y=Ax$ 可表示为系统中所有满足最稀疏特性解的集合。图 2-2(a) 中，l_2 范数是一个圆形，它的最外侧边界和直线的交点能够落在坐标轴上的概率几乎为零，除非直线的斜率为无穷大或者是零，而直线的斜率为无穷大或者零的情况是不存在的，所

以 l_2 范数解并不是问题的最稀疏解。图 2-2(b)中 l_1 范数是一个菱形，它的四个角都在坐标轴上，该图形从无限小逐渐变大的过程中最先和直线相交的点出现在坐标轴上。从图中可以看出只有一个点落在 y 轴上，也就是只有一个非零值，l_1 范数满足约束条件的最稀疏解。

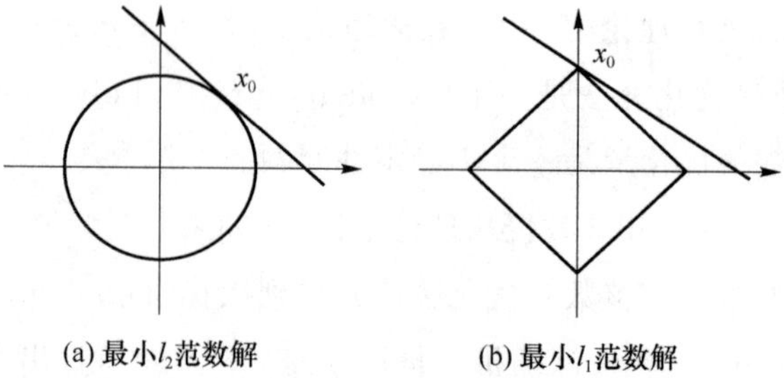

图 2-2　最小范数解示意图

最初，基追踪算法仅适用于无噪测量值求解的情况，而基追踪降噪算法用于有噪矢量的情况，这两种算法统称为基追踪算法。另外，Lasso 算法在统计学中很受欢迎，在合适的参数配置下，该算法可以与 BP 算法表现出相同的性能。

以上算法的共同之处在于将非凸问题转化成凸优化问题求解信号的逼近值，可以通过内点法、投影梯度法和迭代阈值法等先进方法求解。由于松弛和数值的精度，求出的解可能不是严格稀疏的，但解中会有很多对估计误差影响甚微的值。如果希望得到严格稀疏的解，需要另外设置阈值或者经过一个去偏置的过程以去除解中的甚小值。

2. 贪婪追踪算法

另外一种解决组合问题的方法是基于动态规划的方法，即贪婪追踪算法。该方法的思路是，算法每次迭代时都要选择一个局部最优解，通过每次的局部最优以达到逐渐逼近原始信号的目的。贪婪追踪算法主要包括匹配追踪(Matching Pursuit，MP)算法以及正交匹配追踪(Orthogonal Matching Pursuit，OMP)算法等。

贪婪追踪算法由于具有易于实现、计算复杂度低等特点而广受欢迎。近年来，通过加强一些约束关系，该算法能够得到最优解，促使大家对动态规划方案产生新的兴趣，从而促使更新、更优贪婪算法的产生。

3. $l_q(0<q<1)$最优化算法

由压缩感知观测值利用 l_q 最优化算法重构信号的问题主要是解决三类最小值问题之一。

(1) 由稀疏集约束 l_q 优化最小值问题，可描述为

$$\min_{x} \frac{1}{2}\|\boldsymbol{y}-\boldsymbol{A}\boldsymbol{x}\|_2^2 \quad \text{s. t. } \|\boldsymbol{x}\|_q \leqslant d \tag{2-12}$$

(2) 基于 l_2 范数误差约束的 l_q 优化最小值问题，可描述为

$$\min_{x} \|\boldsymbol{x}\|_q \quad \text{s. t.} \frac{1}{2}\|\boldsymbol{y}-\boldsymbol{A}\boldsymbol{x}\|_2^2 \leqslant \varepsilon \tag{2-13}$$

（3）松弛情况下的描述：

$$\min_{x} \frac{1}{2}\|\boldsymbol{y}-\boldsymbol{A}\boldsymbol{x}\|_2^2+\rho\|\boldsymbol{x}\|_q \tag{2-14}$$

其中，ρ 是调节因子。图 2-3 所示为 l_q 范数最小化方法，当 $q \geqslant 1$ 时，以上三种最小化问题均为凸优化问题，并且可以互相替换。当 $0<q<1$ 时，以上问题转换为非凸优化问题，采用相关算法解决。

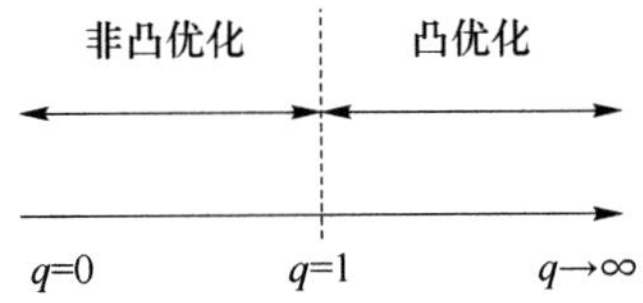

图 2-3　l_q 范数最小化方法

4. 其他算法

基于压缩感知理论的重建算法还包括迭代门限算法，与贪婪追踪算法非常相近。迭代门限算法主要包括以下几种算法：压缩采样匹配追踪（Compressive Sampling Matching Pursuit，CoSaMP）算法、迭代硬门限（Iterative Hard Thresholding，IHT）算法、子空间追踪（Subspace Pursuit，SP）算法、迭代软门限算法（IST）、两步门限近似信息传递（TST-AMP）算法以及加速硬门限（Accelerated Hard Thresholding，AHT）算法。在提出的诸多门限算法中，迭代硬门限是最简单的算法，寻找信号 $\boldsymbol{y}$ 的 d 稀疏表示信号 $\boldsymbol{x}$，可以通过下面的迭代过程实现：

$$\begin{cases} \boldsymbol{x}^{[0]}=0 \\ \boldsymbol{r}^{[k]}=\boldsymbol{y}-\boldsymbol{A}\boldsymbol{x}^{[k]} \\ \boldsymbol{x}^{[k+1]}=H_d(x^{[k]}+\boldsymbol{A}^{\mathrm{T}}\boldsymbol{r}^{[k]}), \quad k \geqslant 0 \end{cases} \tag{2-15}$$

其中，$H_d(a)$ 表示非线性运算子，它将 a 中除最大 d 元素以外的所有元素均设置为零。

2.6 基于凸分析的稀疏正则化

线性方程组的稀疏近似解是基于 l_1 范数正则化的经典最小二乘法，但这种方法往往低估了真实解。作为 l_1 范数的一种替代，Ivan Selesnick 提出了一类非凸罚函数，使最小二乘代价函数的凸性最小，避免了 l_1 范数正则化的系统低估特性。该惩罚函数是极大极小凹罚的多元推广，是根据 Huber 函数的一个新的多元推广定义的，而 Huber 函数又是通过精细卷积来定义的。通常情况下，信号重建建立在稀疏近似的基础上。线性方程组 $\boldsymbol{y}=\boldsymbol{A}\boldsymbol{x}$ 的稀疏近似解可以通过凸优化方式获取，常用的解决方法是使正则化的线性最小二乘代价函数最小化，代价函数 $\mathcal{J}:\mathbb{R}^N \to \mathbb{R}$ 为

$$\mathcal{J}(\boldsymbol{x})=\frac{1}{2}\|\boldsymbol{y}-\boldsymbol{A}\boldsymbol{x}\|_2^2+\lambda\|\boldsymbol{x}\|_1,\quad \lambda>0 \tag{2-16}$$

其中，l_1 范数是经典的正则化项，因为在凸正则化项中，l_1 范数能够最有效地诱导稀疏性。但是，当 $x\in\mathbb{R}^N$时，式(2-16)通常会低估其中的高幅值分量。非凸稀疏性诱导正则化已被广泛使用，对于高幅值的分量能够获取更精确的估计值，在非凸优化中，其代价函数一般是非凸的，并且具有外部次优、局部极小值。

基于稀疏正则化线性最小二乘的非凸罚函数，推广了 l_1 范数，使最小二乘代价函数的凸性最小。假设 $F:\mathbb{R}^N\to\mathbb{R}$，含非凸正则项的代价函数为

$$F(\boldsymbol{x})=\frac{1}{2}\|\boldsymbol{y}-\boldsymbol{\Phi}\boldsymbol{x}\|_2^2+\lambda\psi_B(\boldsymbol{x}),\quad \lambda>0 \tag{2-17}$$

其中，$\psi_B:\mathbb{R}^N\to\mathbb{R}$ 为非凸惩罚项，该项可使得代价函数 F 保持凸性。惩罚项 ψ_B 由矩阵 $\boldsymbol{B}$ 参数化设置，F 的凸性依赖于矩阵 $\boldsymbol{B}$ 的合理设定，而矩阵 $\boldsymbol{B}$ 的选择取决于矩阵 $\mathbf{A}$。线性算子矩阵 $\mathbf{A}$ 可以是任意的，与 l_1 范数相反，该非凸方法不会系统化低估高幅值分量的稀疏向量。同时，由于式(2-17)是凸的，所以代价函数不具有次优局部最小值。

利用凸分析工具定义一类新的非凸惩罚。特别是，利用非正式卷积定义一个新的多元概括的 Huber 函数。反过来，利用广义 Huber 函数定义了非凸惩罚项，使得代价函数的凸度最小。

由 Huber 函数(如图 2-4 所示)的定义：Huber 函数 $s:\mathbb{R}\to\mathbb{R}$ 定义为

$$s(x):=\begin{cases}\frac{1}{2}x^2, & |x|\leqslant 1\\ |x|-\frac{1}{2}, & |x|\geqslant 1\end{cases} \tag{2-18}$$

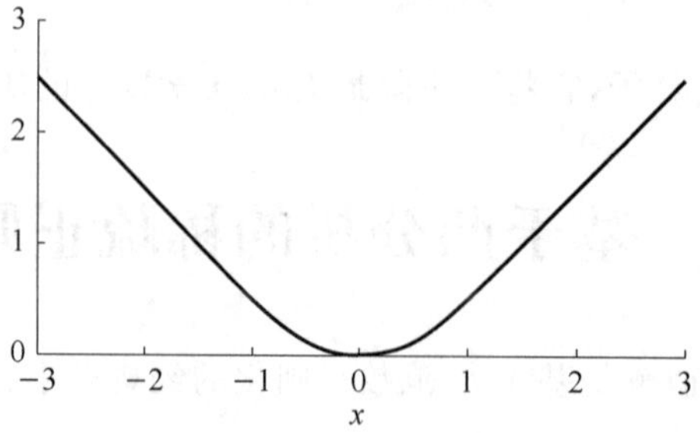

图 2-4　Huber 函数

Huber 函数可以写成

$$s(x)=\min_{v\in\mathbb{R}}\left\{|v|+\frac{1}{2}(x-v)^2\right\} \tag{2-19}$$

Huber 函数是 Moreau 包络的一个标准例子，此处记为，给定 $x\in\mathbb{R}$，$v=0,x-1,x+1$ 时，式(2-19)存在最小值。

$$s(x)=\min_{v\in\{0,x-1,x+1\}}\left\{|v|+\frac{1}{2}(x-v)^2\right\} \tag{2-20}$$

因此，Huber 函数可以表示为

$$s(x)=\min\left\{\frac{1}{2}x^2,|x-1|+\frac{1}{2},|x+1|+\frac{1}{2}\right\} \tag{2-21}$$

极小极大凹(MC)罚函数$\phi:\mathbb{R}\rightarrow\mathbb{R}$(如图 2-5 所示)定义为

$$\phi(x):=\begin{cases}|x|-\dfrac{1}{2}x^2, & |x|\leqslant 1\\ \dfrac{1}{2}, & |x|\geqslant 1\end{cases} \tag{2-22}$$

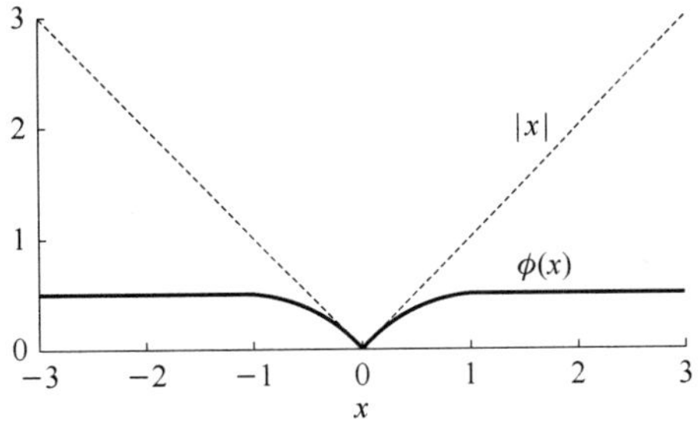

图 2-5　极小极大凹惩罚函数

极小极大惩罚项可以表示为

$$\phi(x)=|x|-s(x) \tag{2-23}$$

其中，s 是 Huber 函数。最小最大惩罚项的表示将具有较好的稀疏表示作用。

第 3 章　基于期望最大化算法的 MIMO 中继系统信道估计

3.1　引　　言

目前,公开的有关协同中继系统稀疏信道估计的算法大多是基于信道稀疏度先验已知的假设,对于实际的通信系统,信道的稀疏度是未知而且变化的。因此,在进行信道估计时获取准确的信道稀疏度尤为重要。在信号处理领域,统计递归参数估计算法得到学者们的青睐。基于前面几章协同稀疏信道的研究基础,以及参考现代稀疏信号处理的思路,本章提出基于期望最大化的稀疏度自适应压缩感知信道估计算法,并将该算法在 MIMO 协同中继系统中进行仿真验证,信道估计效果较为明显。

MIMO 技术作为 4G 通信的核心关键技术,可以提供高速率、高可靠性的传输链路,进而被确定为 5G 关键技术之一。协同中继传输技术有望成为未来无线通信系统的关键技术。MIMO 技术与协同中继通信技术的有机结合将提供宽带信息服务,并成为当前研究的热点。在单向中继网络中,主要研究基站(Base Station,BS)经由中继到移动终端(Mobile Station,MS),也就是下行链路的级联信道估计问题;在双向协同中继通信(Two Way Relay Network,TWRN)系统中,主要研究两移动终端之间的级联信道估计问题。

3.2　MIMO 协同通信技术

3.2.1　MIMO 通信技术

MIMO 技术在无线通信链路的两端安装多副天线,使通信系统具有诸如时间、频率、码元资源以及空间等更多的资源。MIMO 技术充分利用了无线通信环境的多径信道特性,在空间中产生多个独立并行的信道,进而实现多路数据的同时传输。该技术在不增加系统带宽的情况下,不但能提高系统容量,还能够提供空间分集。其实质就是为系统提供空间复用增益和空间分集增益。

MIMO 系统的原理框图如图 3-1 所示,系统主要包括信源端和信宿端处理模块、收发端的天线阵列以及传输媒介。假设发送端有 N_t 根天线，接收端有 N_r 根天线。在发送端，对源比特流进行串并转换、编码调制等操作，将会产生 N_t 个不同的数据流，将新的数据流经过不同的天线发送出去，这种并行传输在很大程度上提高了数据的传输速率。

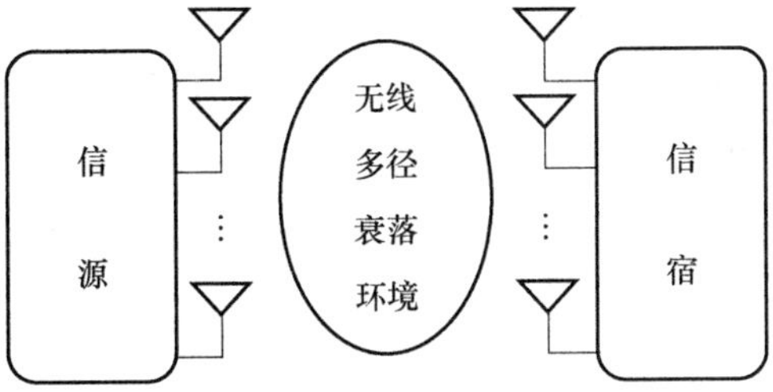

图 3-1　MIMO 系统的原理框图

3.2.2　MIMO-OFDM 技术

MIMO 技术有诸多优点，但对于频率选择性衰落通信环境却无能为力。在此情况下，考虑对抗频率选择性衰落，故引入 OFDM 技术，该技术通过利用自身特有的频率分集特点，将频率选择性衰落信道转变为平坦衰落信道，达到抵抗频率选择性衰落的目的。因此，考虑将 MIMO 和 OFDM 技术结合起来，不但可以提高系统的传输速率，还可以通过频率分集增强系统的可靠性。也就是说，基于 MIMO 和 OFDM 的复合技术结合了频率、时间、空间三种分集方法，使无线通信系统具有更强的对抗噪声、干扰以及多径衰落的性能。

MIMO-OFDM 技术的工作过程如下：在发送端，将输入数据串并转换后分解为多个子数据流，分别对每个子数据流进行独立的映射编码以及 OFDM 调制后，由多根发送天线同时将数据流发送出去。在系统的接收端，同样也配置了多根接收天线，每一根天线分别接收来自多根发送天线的信号和噪声的叠加信号，对所有的接收信号进行 OFDM 解调、信道状态信息估计、定时检测以及同步检测后，将获取发送端发送的数据信息。

3.2.3　MIMO 协同技术

MIMO 协同中继通信技术已成为近年来研究的热点，尤其是近两年，MIMO 已被普遍认为是 4G 通信的关键技术，而协同中继通信技术同样是未来网络的发展趋势，因此 MIMO 协同中继通信技术必然有更为广阔的前景。

与单天线协同中继通信技术相比，MIMO 协同中继传输技术将面临更多新的挑战，原因是中继节点在 MIMO 通信系统中将具有新的功能并构成新的约束。首先，当系统中中继节点的天线数小于系统传输的子流数时，需要用多个中继节点同时工作以满足空间并行信道的需求，这样使部分中继节点实现空间分集的功能，部分中继节点实现空间复用的功能；其次，多中继节点的多天线发送的信号在接收端混叠在一起，因此必须设计更合理的方案将数据有效分离；再次，系统中分布的多天线中继节点如何协同传输信息比单天线中继系统更复杂;最后,中继节点怎样进行信号处理,以及针对该系统设计合理的功率分配方案以实现最有效的传输等。这些问题制约着 MIMO 协同中继通信技术的应用。

MIMO 协同中继通信系统的研究成果中,围绕协同信道估计的研究成果还比较少,学者们提出了基于叠加训练序列的 MIMO-AF 单向中继信道估计,是在目的节点对单个信道进行了估计,而不是估计级联信道的状态信息。另外,新加坡 The-Hanh Pham 等人采用期望条件最大化算法对 MIMO-AF 中继信道进行了信道估计。以上所有的关于 MIMO 中继协同信道估计的文献均没有利用信道的稀疏特性,所以会造成系统性能的损失。本章主要讨论 MIMO 中继协同信道的稀疏信道估计以及 MIMO-OFDM 双向中继协同稀疏信道估计。

MIMO-OFDM 系统如图 3-2 所示。

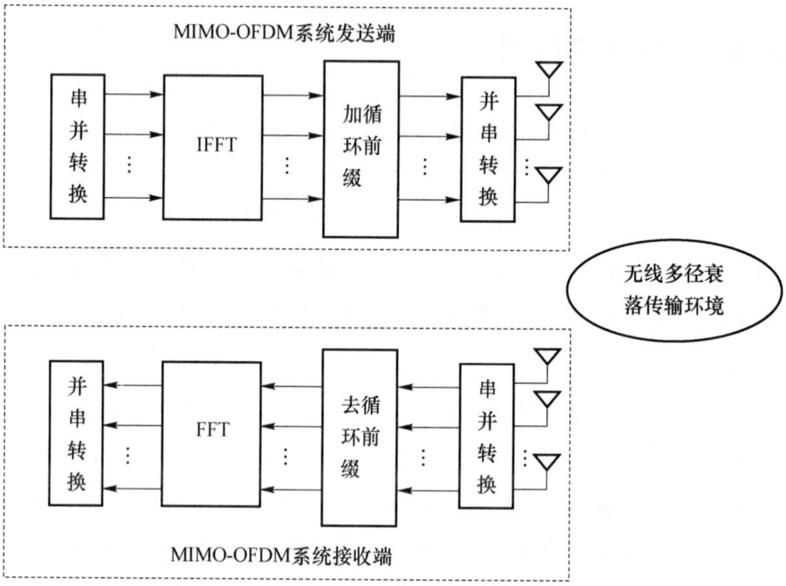

图 3-2　MIMO-OFDM 系统简图

3.3　MIMO 协同单向中继系统稀疏信道估计

本节主要探讨放大转发协议下多天线中继协同系统的稀疏信道问题。首先,介绍单向 MIMO 中继网络的系统模型,并将复合信道估计表示为基于稀疏正交分解理论的压缩感知问题;然后,用压缩采样匹配追踪算法重构复合信道;最后,进行计算机仿真并与传统方法进行对比,以验证所提方法的有效性。由于 MIMO 协同信道不同于 MIMO 系统的信道情况,前者是多个信道的卷积形成的信道矩阵,信道矩阵的维数相应大幅增加,给信道估计带来了计算上的复杂性,另外,Bajwa 曾证明信号在高维空间表现出更加稀疏的特点,基于该观点,结合矩阵的分解理论,可应用压缩感知理论对 MIMO 协同中继信道进行估计。本节的贡献在于首次提出MIMO中继网络中基于压缩感知的稀疏信道估计技术，对有效挖掘MIMO中继协同信道的稀疏特性有重要意义。

放大转发协议中，典型的MIMO协同中继系统模型如图3-3所示。系统由源节点MS、中继RS和目的节点BS组成。源节点通过中继节点的帮助向目的节点发送信息。假设源节点有 M_S 个天线，中继节点有 M_R 个天线，目的节点有 M_D 个天线，假设系统中所有的信道为准静态频率选择性信道。本节讨论MS到BS之间级联信道的估计问题，也就是系统上行链路的信道估计。

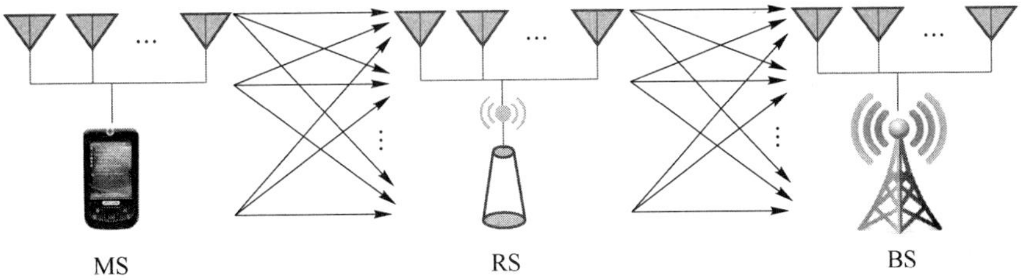

图3-3　MIMO协同中继系统模型

定义源节点的第 l 根天线与中继节点的第 r 根天线之间的信道冲激响应为

$$\boldsymbol{h}_{r,l}=[h_{r,l}(0),h_{r,l}(1),\cdots,h_{r,l}(L_1-1)]^{\mathrm{T}},\quad l=1,\cdots,M_S;r=1,\cdots,M_R$$

其中，L_1 表示源节点与中继节点之间的信道长度，$\boldsymbol{h}_{r,l}$ 是复高斯随机变量，其均值为零，方差为 δ_1^2。同样，定义目的节点的第 m 根天线与中继节点的第 r 根天线之间的信道冲激响应为

$$\boldsymbol{g}_{r,m}=[g_{r,m}(0),g_{r,m}(1),\cdots,g_{r,m}(L_2-1)]^{\mathrm{T}},\quad m=1,\cdots,M_D;r=1,\cdots,M_R$$

信道冲激响应服从复高斯分布，其均值为零，方差为 δ_2^2，L_2 代表目的节点与源节点之间的信道长度。考虑到源节点与目的节点之间的远距离以及信道损失问题，假设源节点与目的节点之间的MS-BS链路不存在。本节所有的信道估计问题是在系统完全同步假设的基础上开展的。

在第一时隙，源节点向中继节点发送信号，MS节点第 l 根天线的发送信号表示为 $\boldsymbol{x}_l=[x(0),x(1),\cdots x(N-1)]^{\mathrm{T}}$，为了减少块间干扰，发送之前在发送信号中插入循环间隔，循环间隔的长度为 L_P，$L_P\geqslant\max(L_1-1,L_2-1)$。中继RS接收到信号后，去除循环间隔，接收信号如式(3-1)所示：

$$\boldsymbol{y}_R=\boldsymbol{H}\boldsymbol{x}+\boldsymbol{n}_1\tag{3-1}$$

其中，信道矩阵 $\boldsymbol{H}$、发送信号 $\boldsymbol{x}$ 及接收信号 $\boldsymbol{y}_R$ 可分别表示为

$$\boldsymbol{H}=\begin{pmatrix}H_{1,1} & \cdots & H_{1,M_S}\\ \vdots & & \vdots\\ H_{M_R,1} & \cdots & H_{M_R,M_S}\end{pmatrix}\tag{3-2}$$

$$\boldsymbol{x}=[x_1 x_2 \cdots x_{M_S}]^{\mathrm{T}} \tag{3-3}$$

$$\boldsymbol{y}_{\mathrm{R}}=[(\boldsymbol{y}_{\mathrm{R}}^1)^{\mathrm{T}}\cdots(\boldsymbol{y}_{\mathrm{R}}^r)^{\mathrm{T}}\cdots(\boldsymbol{y}_{\mathrm{R}}^{M_r})^{\mathrm{T}}]^{\mathrm{T}} \tag{3-4}$$

矩阵 $\boldsymbol{H}_{r,l}$ 是 $N\times N$ 的循环矩阵，其第一列元素的形式为

$$\boldsymbol{h}_{r,l}=[h_{r,l}(0),h_{r,l}(1),\cdots,h_{r,l}(L_1-1),0_{1\times(N-L_1)}]^{\mathrm{T}}$$

$\boldsymbol{n}_1$ 是 $M_{\mathrm{R}}\times 1$ 维的零均值高斯噪声序列。

在第二个时隙中，中继节点首先对接收到的信号进行线性处理，也就是对 $\boldsymbol{y}_{\mathrm{R}}$ 乘以放大系数 β 并转发至目的节点，定义 $\boldsymbol{y}_{\mathrm{D}}^m$ 是目的节点 BS 的第 m 根天线的接收信号，其中 $m=1,2,\cdots,M_{\mathrm{D}}$，构建向量 $y_{\mathrm{D}}\triangleq[(\boldsymbol{y}_{\mathrm{D}}^1)^{\mathrm{T}}\cdots(\boldsymbol{y}_{\mathrm{D}}^m)^{\mathrm{T}}\cdots(\boldsymbol{y}_{\mathrm{D}}^{M_D})^{\mathrm{T}}]^{\mathrm{T}}$，接收信号模型为

$$\begin{aligned}\boldsymbol{y}_{\mathrm{D}}&=\beta\boldsymbol{G}\boldsymbol{y}_{\mathrm{R}}+\boldsymbol{n}_2\\&=\beta\boldsymbol{G}\boldsymbol{H}\boldsymbol{x}+\beta\boldsymbol{G}\boldsymbol{n}_1+\boldsymbol{n}_2\\&=\beta\boldsymbol{G}\boldsymbol{H}\boldsymbol{x}+\boldsymbol{n}_3\end{aligned} \tag{3-5}$$

其中，

$$\boldsymbol{G}=\begin{pmatrix}G_{1,1}&\cdots&G_{M_{\mathrm{R}},1}\\ \vdots&&\vdots\\ G_{1,M_{\mathrm{D}}}&\cdots&G_{M_{\mathrm{R}},M_{\mathrm{D}}}\end{pmatrix} \tag{3-6}$$

矩阵 $\boldsymbol{G}_{r,m}$ 是 $N\times N$ 的循环矩阵，其第一列元素的形式为

$$\boldsymbol{g}_{r,m}=[g_{r,m}(0),g_{r,m}(1),\cdots,g_{r,m}(L_2-1),0_{1\times(N-L_2)}]^{\mathrm{T}}$$

$\boldsymbol{n}_2$ 是 $M_{\mathrm{D}}\times 1$ 维的零均值高斯噪声序列，其协方差为 $\delta_{\mathrm{D}}^2 I_{M_{\mathrm{D}}}$；$\boldsymbol{n}_3$ 为接收端检测到的噪声信号。循环矩阵 $\boldsymbol{H}_{r,l}$ 和 $\boldsymbol{G}_{r,m}$ 可以分别分解为

$$\boldsymbol{H}_{r,l}=\boldsymbol{F}^{\mathrm{H}}\Lambda_{r,l}\boldsymbol{F},\quad \boldsymbol{G}_{r,m}=\boldsymbol{F}^{\mathrm{H}}\Xi_{r,m}\boldsymbol{F}$$

其中，

$$\Lambda_{r,l}=\mathrm{diag}\{H_{r,l}(0),\cdots,H_{r,l}(c),\cdots,H_{r,l}(N-1)\},H_{r,l}(c)=\sum_{q=0}^{L_1-1}h_{r,l}(q)\mathrm{e}^{-\mathrm{j}\frac{2\pi qc}{N}}$$

$$\Xi_{r,m}=\mathrm{diag}\{G_{r,m}(0),\cdots G_{r,m}(c),\cdots,G_{r,m}(N-1)\},G_{r,l}(c)=\sum_{q=0}^{L_2-1}g_{r,m}(q)\mathrm{e}^{-\mathrm{j}\frac{2\pi qc}{N}}$$

因此，$\beta G_{r,m}\boldsymbol{H}_{r,l}$ 可以表示为

$$\beta G_{r,m}\boldsymbol{H}_{r,l}=\boldsymbol{F}^{\mathrm{H}}\beta\Xi_{r,m}\Lambda_{r,l}\boldsymbol{F} \tag{3-7}$$

式(3-7)中循环矩阵的第一列为$[\beta(\boldsymbol{g}_{r,m}*\boldsymbol{h}_{r,l})0_{1\times(N-L+1)}]^{\mathrm{T}}$，定义复合信道 $\boldsymbol{k}_{l,m}=[k_{l,m}(0),k_{l,m}(1),\cdots,k_{l,m}(L-1)]$，$L=L_1+L_2-1$，可以得出下列公式：

$$\boldsymbol{k}_{l,m}=\beta(\boldsymbol{h}_{r,l}\otimes\boldsymbol{g}_{r,m}) \tag{3-8}$$

$$\beta\Lambda_{r,l}\Xi_{r,m}=\text{diag}(\boldsymbol{W}\boldsymbol{k}_{l,m}) \tag{3-9}$$

对接收信号 $\boldsymbol{y}_{\text{D}}$ 进行 DFT 变换，系统模型可以表示为

$$\boldsymbol{z}=(\boldsymbol{I}\otimes\boldsymbol{F})\boldsymbol{y}_{\text{D}}=\boldsymbol{X}\boldsymbol{k}+\boldsymbol{n} \tag{3-10}$$

其中：$\boldsymbol{X}=\text{diag}(\boldsymbol{F}\boldsymbol{x})\boldsymbol{W}$；$\boldsymbol{F}$ 是离散傅里叶变换矩阵；$\boldsymbol{W}$ 是由矩阵 $\sqrt{N}\boldsymbol{F}$ 的前 $2L$-1 列元素组成的矩阵；$\boldsymbol{n}=(\boldsymbol{I}\otimes\boldsymbol{F})\boldsymbol{n}_3$。

3.4 基于 EM 的稀疏度自适应压缩感知信道估计算法

3.4.1 自适应压缩感知算法

自压缩感知理论出现以来，贪婪算法因其较快的迭代速度而得到了广泛的应用，然而，现有的大部分贪婪算法需要参考重建信号的先验稀疏度，将其作为重构算法的迭代次数。当系统的稀疏度不可知时，必须在算法中设计新的迭代停止条件以代替系统的先验稀疏度，进而对信号进行重构，该思路无疑增加了算法的复杂程度。在此背景下，产生了稀疏自适应匹配追踪（Sparsity Adaptive MP，SAMP）算法，该算法开创了稀疏度未知情况下信号精确重建的先河。SAMP 算法的重建速度比 OMP 算法还要高，重建速度主要取决于系统中固定步长的选择，步长过小会导致迭代次数增多，从而降低了重建速度；固定步长过大将会导致过度估计并影响信道估计的精度。针对 SAMP 算法中的步长选择问题，研究者给出了一种变步长的自适应匹配追踪重建算法，该算法通过可变步长和双阈值来控制重建精度，在相同条件下获得较 SAMP 算法更好的重建结果，但是阈值的选择难以解决。

本章提出一种新的稀疏信道估计方案，即基于期望最大化的稀疏度自适应（Sparsity Adaptive Expectation Maximization，SAEM）算法，该算法以迭代的方式检测时变信道增益的稀疏结构。采用期望最大化方法最大似然估计信道的稀疏结构，由此产生的稀疏信道估计方法包括：计算期望（E 步骤、卡尔曼滤波），该步骤通过计算极大似然估计结果，利用后验信息给出信道的稀疏结构；最大化（M 步骤），即用在 E 步骤求得的极大似然值估计稀疏结构。M 步骤中得到的参数估计值将被用于下一个 E 步骤中，实现迭代运算。在推导的过程中，假设信道的稀疏结构是时变的，而信道增益则是时不变的。迭代操作在一个数据块执行时，一个数据块内的稀疏结构是不变的，因此，块内的噪声和信道的变化将被平均，因此估计出的信息是相对可靠的稀疏结构。

3.4.2 稀疏信道估计

针对式(3-10)所代表的信道模型，信道卷积向量 $\boldsymbol{k}$ 的幅度和非线性的系数可以用凸函数表示，如式(3-11)所示：

$$\hat{\boldsymbol{k}}=\min_{\boldsymbol{k}}\left\{\frac{1}{2}\|\boldsymbol{y}-\boldsymbol{X}\boldsymbol{k}\|_{l_2}^2+\lambda\|\boldsymbol{k}\|_{l_1}\right\} \tag{3-11}$$

其中：用 l_1 范数代表凸松弛的 l_0 范数；λ 表示正则参数，用于均衡信道向量的稀疏度与估计误差。针对 MIMO 中继网络，定义信道 $\boldsymbol{k}$ 的稀疏度 d 为

$$d \triangleq \sum_{l=1}^{M_S}\sum_{m=1}^{M_D}\underbrace{\sum_{i=0}^{L-1}\|\boldsymbol{k}_{l,m}(0)\|_0}_{\triangleq d} \ll M_S M_D L$$

信道的估计性能的下界为

$$E[\|\hat{\boldsymbol{k}}-\boldsymbol{k}\|_F^2]\geqslant\frac{M_S d}{\varepsilon} \tag{3-12}$$

对于复杂的非线性时变系统，单纯依靠极大化似然函数来获取极大似然解是非常困难的，籍于此，考虑引入 EM 算法。EM 算法分为两步，求期望(Expectation, E)步骤和最大化(Maximum, M)步骤。第一步是计算期望，也就是利用所估计出的隐藏变量值，计算出极大似然估计结果；第二步是最大化，即对在 E 步骤求得的极大似然值进行最大化，并利用该值计算参数的点估计。最后，将在最大化步骤中得到的参数估计值用于下一个期望步骤中，实现迭代运算。时变信道可以表示为

$$\boldsymbol{k}_n=\boldsymbol{k}_{n-1}+\boldsymbol{w}_{n,\Delta_0}=\boldsymbol{k}_0+\sum_{i=1}^{n}\boldsymbol{w}_{i,\Delta_0} \tag{3-13}$$

其中：$\boldsymbol{k}_0\sim N(\bar{k}_0,\delta_0^2\boldsymbol{I}_{\Delta_0})$；$\Delta_0$ 表示信道向量 $\boldsymbol{k}$ 的非零系数集；噪声向量 $\boldsymbol{w}_n$ 在 Δ_0 外的取值为零，在 Δ_0 内是零均值高斯信号，其协方差矩阵为 $\boldsymbol{C}_{n,\Delta_0}=\mathrm{diag}[\delta_{w_1}^2(n),\cdots,\delta_{w_d}^2(n)]$。将式(3-11)和凸函数式(3-14)合并到期望最大化计算模块。

令 $\theta=\bar{k}_0$ 作为估计向量的未知参数。在高斯信号的假设下，式(3-14)的极小值等价于最大似然函数 $p(y_n|\theta)$的极大值。为了应用期望最大化方法，需定义“完整”数据和“缺失”数据。定义 n 时刻的完整数据矢量为 $\boldsymbol{k}_n$，缺失数据为 $\boldsymbol{y}_{n-1}$。定义条件密度函数为 $p(\boldsymbol{k}_n|\boldsymbol{y}_{n-1})$，该密度函数服从高斯分布，其均值为零，协方差如式(3-15)所示：

$$\boldsymbol{\Psi}_n=E[\boldsymbol{k}_n|\boldsymbol{y}_{n-1}] \tag{3-14}$$

$$\boldsymbol{P}_n=E[\boldsymbol{k}_n-\boldsymbol{\Psi}_n)(\boldsymbol{k}_n-\boldsymbol{\Psi}_n)^{\mathrm{H}}]=\delta_0^2\boldsymbol{I}+\sum_{i=1}^{n}\mathrm{diag}[\delta_{q_i}^2(t)] \tag{3-15}$$

• E 步骤：计算条件期望。

$$Q(\theta,\hat{\theta}_{n-1})=E_{p(k_n|y_{n-1};\hat{\theta}_{n-1})}[\log p(k_n;\theta)]$$
$$=\delta+\theta\boldsymbol{P}_n^{-1}\boldsymbol{\Psi}_n-\frac{1}{2}\theta^{\mathrm{H}}\boldsymbol{P}_n^{-1}\theta \tag{3-16}$$

其中，$\log p(k_n;\theta)=\delta-\frac{1}{2}(k_n-\psi(\theta))^{\mathrm{H}}P_n^{-1}(k_n-\psi(\theta))$。

• M 步骤：取 Q 函数的最大值。求出最大概率值 θ 为

$$\hat{\theta}_n=\arg\max_{\theta}\{Q(\theta,\hat{\theta}_{n-1})-\lambda\|\theta\|_{l_1}\} \tag{3-17}$$

Q 函数的最大值决定了软阈值分割函数的取值：

$$\hat{k}_{n,i}=\operatorname{sgn}(\Psi_{n,i})\left\{|\Psi_{n,i}|-\lambda(\delta_0^2+\sum_{i=1}^{n}\delta_{q_i}^2(t))\right\}_+ \tag{3-18}$$

参数 Ψ_n 由卡尔曼滤波器递归计算，如式(3-19)所示：

$$\boldsymbol{\Psi}_n=k_{n-1}+r_n*(\boldsymbol{y}_n-\boldsymbol{x}_n^{\mathrm{T}}\boldsymbol{k}_{n-1}) \tag{3-19}$$

图 3-4 是 SAEM 算法的框图，图中有两个主要模块，一个是卡尔曼滤波，另一个是 EM 信道估计算法模块。卡尔曼滤波模块接收信道信息，估计 k 和 $\boldsymbol{\Psi}$ 的初值，然后向 EM 模块提供发送信号的软信息。

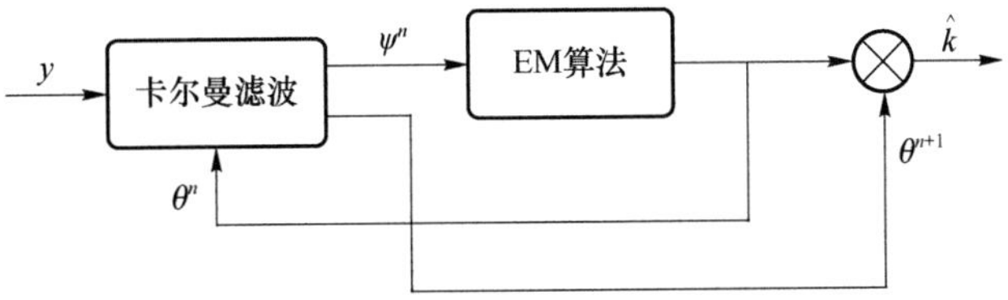

图 3-4 SAEM 稀疏信道估计框图

3.4.3 仿真与分析

本节给出 SAEM 算法和 CoSaMP 算法以及 OMP 算法的估计性能比较，后两种算法是在稀疏度已知的情况下进行信道重构。实验是在 MIMO 中继多径时变信道环境下进行的，天线数目为 $M_S=M_R=M_D=2$。随机产生10^4 个符号，采用 QPSK 调制，训练序列的长度为 100，数据块的长度为 1 200。每条链路中每 30 个抽样里面设置 6 个非零值，其他全部为零。每个数据块内稀疏度不变，数据块外是变化的。信道模型采用 AR 模型，并用卡尔曼滤波对参数进行平滑处理。仿真中所采用的时变多径信道根据 Jake 模型产生。多普勒频移为 0.002，信道估计的均方误差与信噪比的关系如图 3-5 和图 3-6 所示。

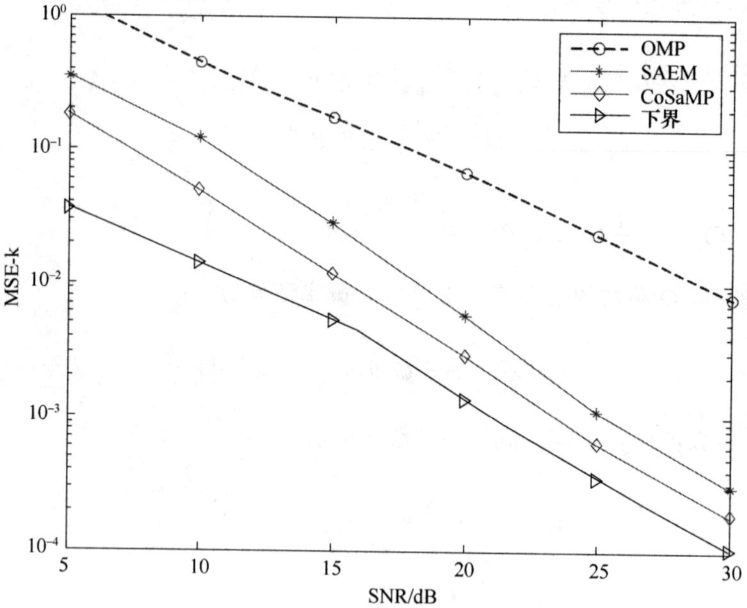

图 3-5　SAEM 算法与 CoSaMP 算法的性能比较

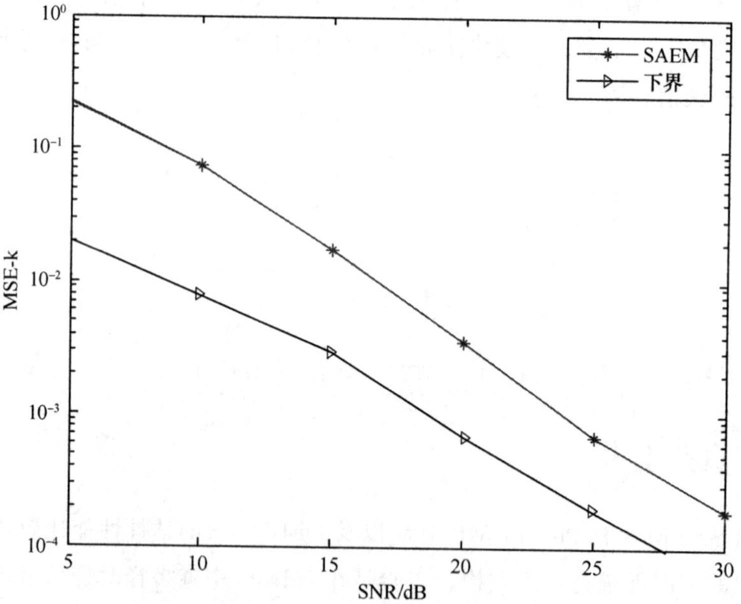

图 3-6　增加迭代长度后 SAEM 算法的估计性能

仿真结果表明，由于该算法引入了平滑思想，在稀疏度未知的情况下，能够较为准确地估计出信道参数，说明所提方法能够较为准确地探测到信道的稀疏结构，作为稀疏度自适应的 SAEM 算法的估计性能，相比 CoSaMP 算法稍差，但是比 OMP 算法更接近性能下界，这是因为 OMP 算法在高维信号空间并不是稳健的。图 3-6 显示，进一步增加算法的迭代次数后，估计性能的效果更佳，逐渐逼近信道估计下界的性能。

图 3-7 和图 3-8 给出了当协同信道中非零抽头数目改变时的仿真结果，从仿真图的曲线可知，平均 MSE 性能随着信噪比的增加而提高。为了验证算法的有效性，本节基于式(3-10)所代表的信道模型，提供了基于压缩感知算法、基于期望条件最大化算法仿真性能的对比，如图 3-9 所示，由性能曲线可知，基于 CS 算法的估计性能优于线性算法，并很好地接近系统性能下界，CoSaMP 算法的性能也优于 OMP 算法。

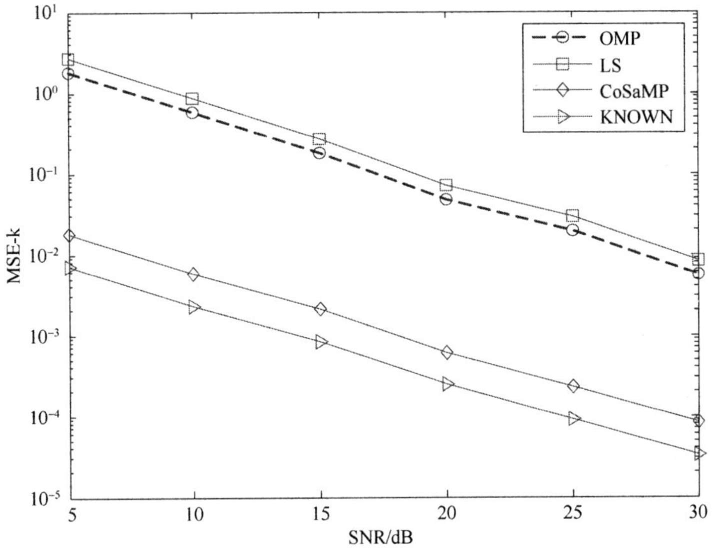

图 3-7　系统稀疏度为 2 时信道估计算法的性能

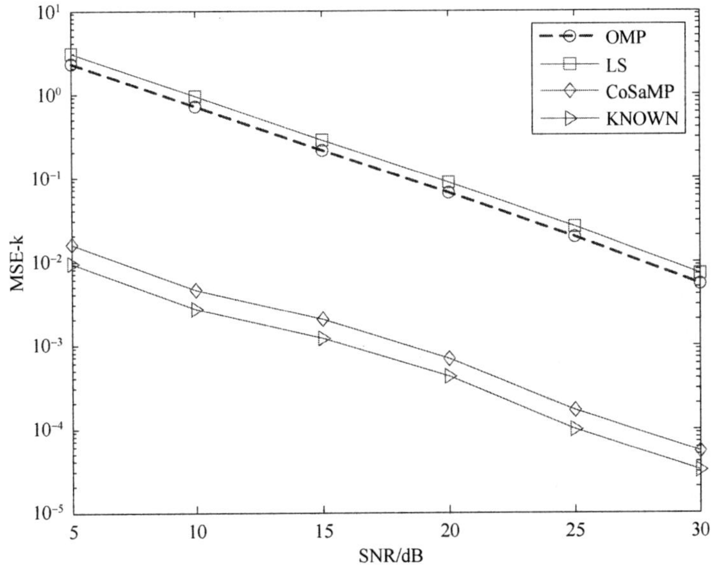

图 3-8　系统稀疏度为 4 时信道估计算法的性能

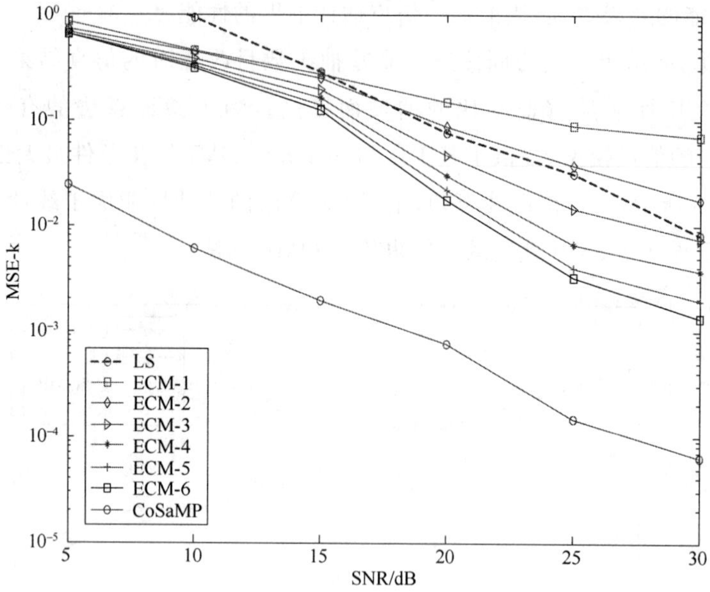

图 3-9 CoSaMP 压缩感知算法与期望条件最大化算法的性能比较

由图 3-7 和图 3-8 可知，随着信噪比的增加，信道估计的性能也在增加。图 3-7 和图 3-8 是在稀疏度不同时的仿真结果，图 3-7 的系统稀疏度小于图 3-8，当系统稀疏度较小时，基于压缩感知算法的估计性能较好。如果在稀疏度相同的情况下，增加训练序列的长度，估计性能也会改善。

如图 3-10 所示，在时变信道中，所提出的稀疏度自适应期望最大化算法的估计性能接近下界，这意味着 SAEM 信道估计器能够以相当好的精度检测稀疏结构。

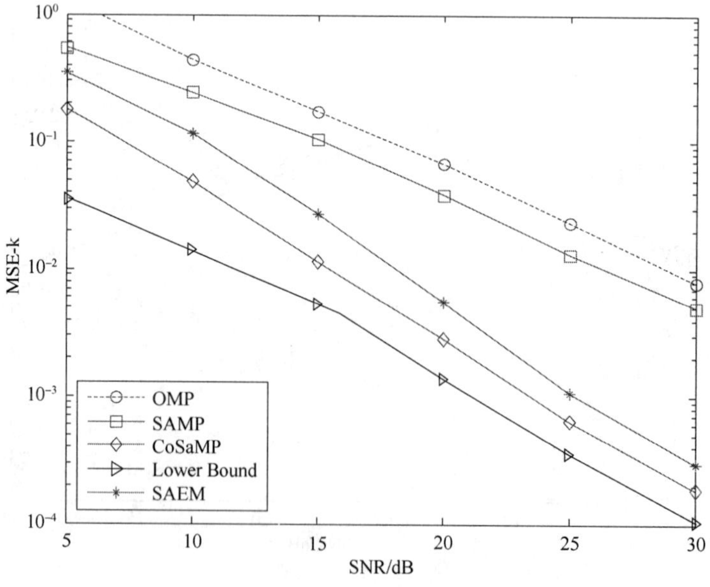

图 3-10 SAEM 与其他算法的性能对比

3.5 本章小结

本章提出了稀疏度自适应的稀疏信道估计算法、基于EM的自适应稀疏信道估计算法，适用于快时变信道下多天线协同中继信道估计，此类算法不涉及观测矩阵相应特性的验证问题，计算量得到了大幅度减小，仿真实验证明了算法的有效性，突破了系统稀疏度未知情况下压缩信道感知的局限性，验证了自适应压缩感知理论的可行性。

第4章　零吸引最小均方协同通信系统信道估计

4.1　引　　言

随着宽带无线通信技术的快速发展，移动通信的数据业务量激增，给未来通信技术中频率效率和能源消耗的需求带来了极大的挑战。5G 通信技术发展的核心是优化网络结构和网络传输技术，从根本上提高频谱效率和功率效率。基于中继的协同通信系统具有空间分集和复用能力，能够有效提高数据传输容量。未来移动通信标准组织和宽带无线网络标准均将中继的概念引入未来通信标准中，期望系统在有限的发射功率下传输尽量长的通信距离。协同通信技术在提高系统数据传输性能的同时，需要解决诸多问题：协同方式、中继节点的选择等，解决这些问题的先决条件是，系统需要获取精确的信道状态信息，因此高性能的信道估计技术尤为重要。

压缩感知理论能够利用信号的稀疏信息，通过很少的观测值进行稀疏信号的有效重构。无线多径信道的冲激响应具有稀疏特性，为了深入挖掘并利用信道的稀疏结构，研究者们利用压缩感知理论，结合通信系统时延域和角域的稀疏特性，开展了稀疏信道感知的研究工作。早期的压缩感知信道估计算法（如正交匹配追踪、压缩采用匹配追踪等）均是作用于系统稀疏度已知的情况，实际的通信系统中，信道的稀疏度通常是未知的。稀疏度自适应的匹配追踪算法可以有效重构稀疏度未知的信道，但是算法对迭代步长有较高的依赖性，在获取较高重构性能的同时，为系统带来了较高的运算复杂度。

近年来，在压缩感知理论的启发下，引入稀疏惩罚思想的自适应滤波算法得到了快速发展。在地球物理研究中，已经有人尝试在这些算法中加入基于代价函数的约束以产生稀疏解。考虑到空间分集系统的信道间存在相关性，而最小均方滤波算法的优点是利用信道间的相关性在非理想信道状态下完成信道的重构，因此，为了辨别时变中继通信系统的稀疏度并利用稀疏度对系统进行有效的压缩信道感知，本章引入稀疏辨识的加权自适应滤波算法，该算法能够有效估计稀疏度未知的信道并具有较低的计算复杂度。理论分析和实验仿真验证了加权自适应滤波方法的收敛性和信道估计的有效性。

针对无线协同通信系统，采用基于加权零吸引最小均方（Reweighted Zero-Attracting

Least Mean Square，RZA-LMS)算法，在信道稀疏度未知的情况下进行信道估计。该算法通过在代价函数的惩罚项中引入基于对数的稀疏约束项，使得自适应过程具有零吸引滤波器系数的能力，通过自适应滤波和最小均方估计可实现系统的稀疏度辨识与信道重构。与其他线性信道估计方法相比较，该算法能够有效挖掘并利用无线系统的稀疏结构，进而提高信道估计的性能，具备计算复杂度低、易于实现等特点。

4.2　系统模型与LMS算法

4.2.1　单中继协同通信系统的信道模型

在放大转发模式的单中继通信网络结构中，系统由源节点S、目的节点D和中继节点R组成，每个终端节点配置单天线且采用OFDM调制解调技术。本节仅考虑“源节点S—中继节点R—目的节点D”链路所形成的级联信道状态信息的估计问题。假设源节点和中继节点的平均功率分别为 P_S 和 P_R，各个节点之间的信道相互独立且为准静态，$h_1(n)$ 和 $h_2(n)$ 分别代表从S到R、R到D之间的时域离散冲激响应，可以表示为

$$h_i \sum_{l=0}^{L_i-1} h_{i,l}\delta(\tau-\tau_{i,l}),\quad i=1,2 \tag{4-1}$$

其中：$h_{i,l}$ 是相应信道中第 l 个抽头上的系数，且满足 $E\left[\sum_{l=0}^{L_i-1}|h_{i,l}|^2\right]=1$；$\tau_{i,l}$ 表示第 l 条路径传输的时间延迟；L_i 为相应信道的最大时延长度。假设源节点处的发送信号为 $\tilde{\boldsymbol{x}}=[x_0,x_1,\cdots,x_{N-1}]$，S节点将信号 $\tilde{\boldsymbol{x}}$ 发送至R节点，中继节点接收到信号并进行 α 倍的放大后，将其通过R和D之间的链路发送至目的节点D。R节点处接收到的信号，去除保护间隔后，可以表示为

$$\boldsymbol{y}_R=\boldsymbol{H}_1\tilde{\boldsymbol{x}}+\boldsymbol{n}_1 \tag{4-2}$$

其中：$\boldsymbol{H}_1$ 是 $N\times N$ 维循环矩阵，矩阵的第一列为 $[h_1^r\ 0_{1\times(N-L)}]^T$ 的；$\boldsymbol{n}_1$ 是均值为零、方差是 $\delta_{n_1}^2$ 的高斯白噪声信号；D节点接收到的放大转发信号可表示为

$$\boldsymbol{y}_D=\alpha\boldsymbol{H}_2\boldsymbol{y}_R+\boldsymbol{n}_2=\alpha\boldsymbol{H}_2\boldsymbol{H}_1\tilde{\boldsymbol{x}}+\boldsymbol{n} \tag{4-3}$$

其中：$\boldsymbol{n}=\alpha\boldsymbol{H}_1\boldsymbol{n}_1+\boldsymbol{n}_2$ 是零均值、协方差矩阵为 $E[nn^H]=\delta_{n_1}^2(\alpha^2\ |\boldsymbol{H}_1|^2+I_N)$ 的复高斯噪声信号；放大因子 $\alpha=\sqrt{\dfrac{P_R}{(\delta_{n_1}^2 P_S+\delta_n^2)}}$。由矩阵理论可知，循环矩阵 $\boldsymbol{H}_1$ 和 $\boldsymbol{H}_2$ 可以分解为 $\boldsymbol{H}_i=\boldsymbol{F}^H\Lambda_i\boldsymbol{F}$，$i=1,2$，$\boldsymbol{F}$ 表示离散傅里叶变换矩阵，式(4-3)可以表示为

$$\boldsymbol{y}_{\mathrm{D}}=\boldsymbol{F}^{\mathrm{H}}\alpha\Lambda_2\Lambda_1\boldsymbol{F}\widetilde{\boldsymbol{x}}+\boldsymbol{n} \tag{4-4}$$

对式(4-4)左乘以 $\boldsymbol{F}$ 之后，系统模型可以转换为

$$\boldsymbol{y}=\widetilde{\boldsymbol{X}}\boldsymbol{W}\boldsymbol{h}+\hat{\boldsymbol{n}}=\boldsymbol{X}\boldsymbol{h}+\hat{\boldsymbol{n}} \tag{4-5}$$

其中：$\boldsymbol{h}\triangleq\alpha(h_1*h_2)$为中继系统级联信道的冲激响应，卷积信道的最大延迟长度为 $L=L_1+L_2-1$；$\boldsymbol{W}$是矩阵$\sqrt{N}\boldsymbol{F}$ 中前 L 列组成的部分傅里叶变换矩阵；$\widetilde{\boldsymbol{X}}=\mathrm{diag}(\boldsymbol{F}\widetilde{\boldsymbol{x}})$表示输入信号的等效训练矩阵；$\hat{\boldsymbol{n}}=\Lambda_2\boldsymbol{F}\boldsymbol{n}_1+\boldsymbol{F}\boldsymbol{n}_2$ 为复高斯随机白噪声信号。式(4-5)的证明过程见附录 A。

4.2.2 标准 LMS 算法

结合式(4-5)所给出的中继信道模型，将标准 LMS 滤波器的算法框图用图 4-1 表示，在图 4-1 中，$\boldsymbol{h}\triangleq\alpha(h_1*h_2)$ 为协同卷积信道冲激响应；$\hat{\boldsymbol{h}}(n)$表示自适应滤波器的输出，是 LMS 自适应算法的信道估计值，系统期望的输出信号为

$$d(n)=\boldsymbol{X}(n)\boldsymbol{h}+z(n) \tag{4-6}$$

其中，$z(n)$为噪声信号。

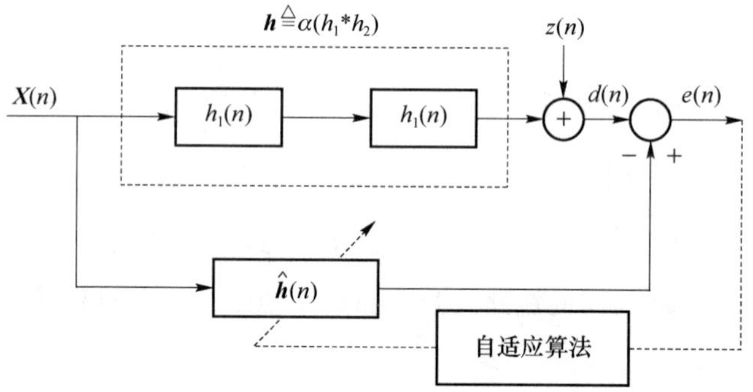

图 4-1 系统模型与自适应算法框图

滤波器的输出和期望输出之间的滤波器误差为

$$e(n)=d(n)-\boldsymbol{X}(n)\hat{\boldsymbol{h}}(n) \tag{4-7}$$

滤波器误差平方常被定义为 LMS 算法的代价函数，即

$$L(n)=\frac{1}{2}e^2(n) \tag{4-8}$$

利用梯度下降的优化算法，最优信道估计量的迭代更新方程 $\hat{\boldsymbol{h}}(n+1)$可表示为

$$\hat{\boldsymbol{h}}(n+1)=\hat{\boldsymbol{h}}(n)-\mu\frac{\partial L(n)}{\partial\hat{\boldsymbol{h}}(n)}=\hat{\boldsymbol{h}}(n)+\mu e(n)\boldsymbol{X}(n) \tag{4-9}$$

其中，μ 表示梯度下降的步长，并满足 $\mu\in\left(0,\frac{1}{\lambda_{\max}}\right)$，$\lambda_{\max}$ 为输入信号 $X(n)$ 协方差矩阵的最大特征值。

4.3 基于稀疏度感知的稀疏信道估计

标准的 LMS 算法中不包括稀疏约束项，因此不能够有效利用信道的稀疏结构信息进行快速高效的信道估计。信道的稀疏结构表现为，系统冲激响应具有少数非零系数，其余系数全部为零或者接近于零值。谷源涛等人提出了自适应稀疏辨识算法，其基本思想是搜索信道的非零系数，动态调整滤波器阶数对非零系数进行定位和实时跟踪。稀疏自适应的 LMS 信道估计算法模型一般表示为

$$\hat{\boldsymbol{h}}(n+1)=\hat{\boldsymbol{h}}(n)+h_{\mathrm{a}}+h_{\mathrm{s}} \tag{4-10}$$

其中：h_{a} 为自适应更新项；h_{s} 为稀疏约束项，通过稀疏约束进行探测和辨识信道的稀疏度，从而代替稀疏度先验已知的情况。本节采用加权零吸引最小均方算法(RZA- LMS)进行单中继信道的信道估计。

在稀疏度辨识自适应滤波算法中，通过稀疏约束项加快系数的收敛速度，因此，稀疏约束项的定义决定了信道估计的性能，加权零吸引 LMS 算法可以解决零吸引算法的不足。本节将该算法应用在中继系统的信道估计中，其代价函数定义为

$$L_{\mathrm{RZA}}(n)=\frac{1}{2}e^{2}(n)+\gamma_{\mathrm{RZA}}\sum_{i-1}^{L}\log\left[1+\frac{\hat{h}_i(n)}{\varepsilon'_{\mathrm{RZA}}}\right] \tag{4-11}$$

其中，$\hat{h}_i(n)$表示信道矢量 $\hat{\boldsymbol{h}}(n)$的第 i 个元素；γ_{RZA}和$\varepsilon'_{\mathrm{RZA}}$表示两个正常数，当$\varepsilon'_{\mathrm{RZA}}\to 0$ 时，该代价函数中对数和函数表示的惩罚项比 l_1 范数更接近 l_0 范数，能够更准确地挖掘稀疏信息。对式(4-11)求梯度，可得稀疏信道系数的迭代更新表达式：

$$\hat{\boldsymbol{h}}(n+1)=\hat{\boldsymbol{h}}(n)-\mu e(n)\boldsymbol{X}(n)-\rho_{\mathrm{RZA}}\frac{\operatorname{sgn}(\hat{\boldsymbol{h}}(n))}{1+\varepsilon_{\mathrm{RZA}}|\hat{\boldsymbol{h}}(n)|} \tag{4-12}$$

其中：$\rho_{\mathrm{RZA}}=\mu\gamma_{\mathrm{RZA}}\varepsilon_{\mathrm{RZA}}$；$\varepsilon_{\mathrm{RZA}}=\frac{1}{\varepsilon'_{\mathrm{RZA}}}$；$|\cdot|$表示的是分段绝对值算子，RZA-LMS 通过选择幅度大的信道抽头系数和幅度小的抽头系数进行非零抽头系数的辨识。非零权系数的绝对值

不断变小，强迫更多的权系数最终收敛于零，保证了权系数更新值的稀疏特性。该算法对于接近ε'_{RZA}的信道抽头系数具有较强的吸引力，对于$|h_i(n)|\gg\varepsilon'_{RZA}$的情况，零吸引的效果会减弱，可以除去 ZA-LMS 算法计算中的有偏误差。在一个迭代周期内，RZA-LMS 算法需要进行 $4L$ 次加法运算和 $5L+1$ 次乘法运算以及 L 次存储运算，由于引入了加权因子的运算，RZA-LMS 算法相比于 LMS 算法和 ZA-LMS 算法，运算量稍有增加，但是比 l_0 范数以及 SAMP 算法运算量少了许多。

4.4 仿真与分析

针对不同的信噪比环境进行了实验仿真，共包括两个仿真实验。两个实验的目的是利用迭代方法评估不同参数下的信道估计性能，训练信号的长度均设为 800，稀疏信道矢量 $\boldsymbol{h}_1$ 和 $\boldsymbol{h}_2$ 中非零系数的位置和大小均服从随机高斯分布，$\|\boldsymbol{h}_1\|_2^2=\|\boldsymbol{h}_2\|_2^2=1$，两个独立信道的长度均设置为 32，故级联信道的长度为 $L_1+L_2-1=63$。为了进行性能对比，同时对 LMS 算法和 ZA-LMS 算法进行了仿真，信道估计参数与未知系统冲激响应抽头系数的平均偏差(Mean Squared Deviation, MSD)曲线变化情况如图 4-2～图 4-5 所示。

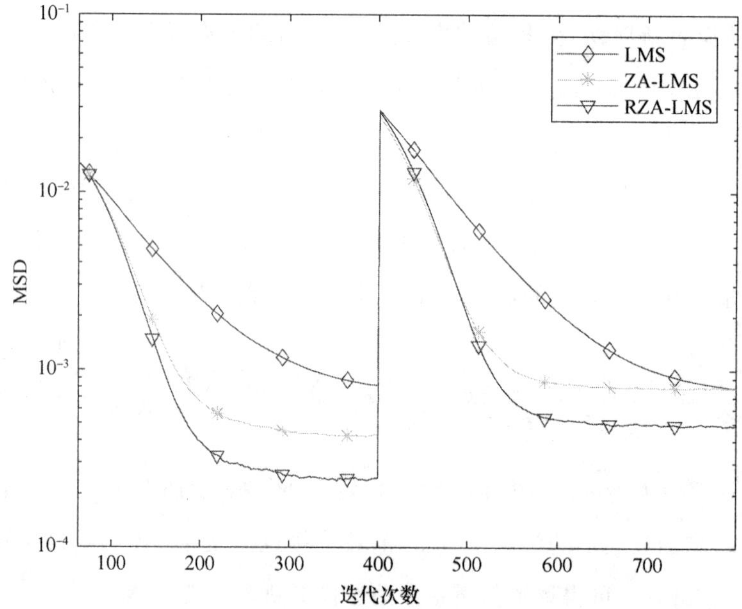

图 4-2　SNR=10 dB 时算法的跟踪情况对比

实验 1　不同信噪比下算法的收敛性能和跟踪情况。参数设置情况为：$P_S=1$，$P_R=1$，$\mu=0.01$，$\rho_{RZA}=3\times10^{-4}$，$\varepsilon'_{RZA}=0.3$，SNR=10 dB/20 dB。信道的初始稀疏度设置为 1，迭代 400 次后，信道冲激响应中非零系数的位置与大小皆发生跳变，信道的稀疏度变为 4。算法独立运行 100 次，蒙特卡洛运行次数为 1 000，信道估计的平均偏差曲线如图 4-2 和

图 4-3 所示，其中，图 4-2 的信噪比环境为 10 dB，图 4-3 的信噪比环境为 20 dB。

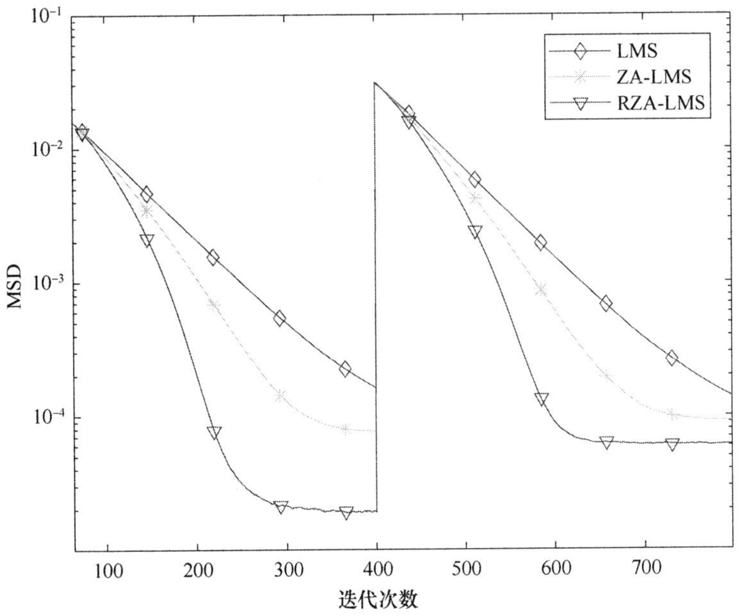

图 4-3　SNR＝20 dB 时不同稀疏度的仿真性能对比

由图 4-2 和图 4-3 可知，在算法迭代的初始阶段，三种算法的性能较接近，RZA-LMS 算法的收敛速度最快且稳态误差最小，ZA-LMS 次之，LMS 算法速度最慢、稳态误差最大。当信道状况发生改变，也就是系统的稀疏度由 1 变为 4 时，RZA-LMS 和 ZA-LMS 算法很快能检测到系统的变化并根据新的稀疏度进行信道估计。由仿真结果可知，系统的稀疏程度越高，稀疏度感知算法的估计性能越好，稳态误差就越小；稀疏程度降低，标准 LMS 算法的稳态误差仅有细微变化，稀疏 LMS 算法的稳态误差增大，估计性能虽有所降低但是仍不低于标准 LMS 算法。实验 1 中各算法的稳态平均偏差数据如表 4-1 所示。

表 4-1　实验 1 中各算法的稳态平均偏差

算　法	SNR＝10 dB		SNR＝20 dB	
	$d=1$	$d=4$	$d=1$	$d=4$
LMS	8.212×10^{-4}	7.945×10^{-4}	1.628×10^{-4}	1.392×10^{-4}
ZA-LMS	4.326×10^{-4}	7.959×10^{-4}	0.7688×10^{-4}	0.915×10^{-4}
RZA-LMS	2.467×10^{-4}	4.868×10^{-4}	0.1914×10^{-4}	0.612×10^{-4}

注：d 为系统稀疏度。

对比图 4-2 和图 4-3，并结合表 4-1 中的数据可知，图 4-2 的数据对应表 4-1 中 SNR＝10 dB栏，20 dB 栏对应于图 4-3 的稳态平均偏差，随着系统信噪比的提高，各算法的估计性能都有所改善，RZA-LMS 算法的改善幅度最大。由信噪比表达式 SNR＝$10\log(P_S/P_N)$，在训练信号的功率 P_S 不变的情况下，当增加 SNR 时，噪声信号功率 P_N 就会随之减小，算法的估计性能得到改善，稳态误差降低。

实验 2 加权零吸引算子 ε'_{RZA} 的取值分析。本实验中的参数分别设置为：$\varepsilon'_{RZA}=0.3/0.1$，SNR＝10 dB，$\mu=0.012$。当改变 ε'_{RZA} 值时，RZA-LMS 算法的估计性能随之改变，仿真结果如图 4-4 和图 4-5 所示，相应的稳态平均偏差数据如表 4-2 所示，其中，$\varepsilon'_{RZA}=0.3$ 时的仿真结果对应于图 4-4 中各算法的稳态偏差值，$\varepsilon'_{RZA}=0.1$ 时的数值是图 4-5 中各算法的稳态偏差值。

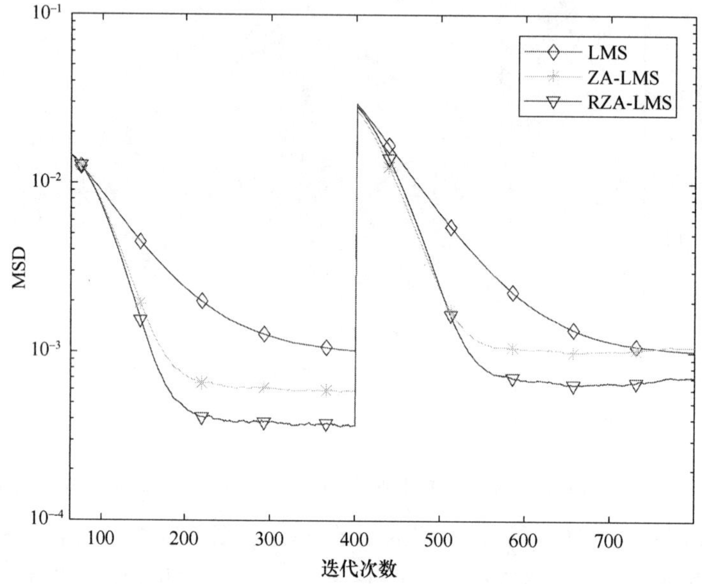

图 4-4 $\varepsilon'_{RZA}=0.3$ 时不同稀疏度的仿真性能对比

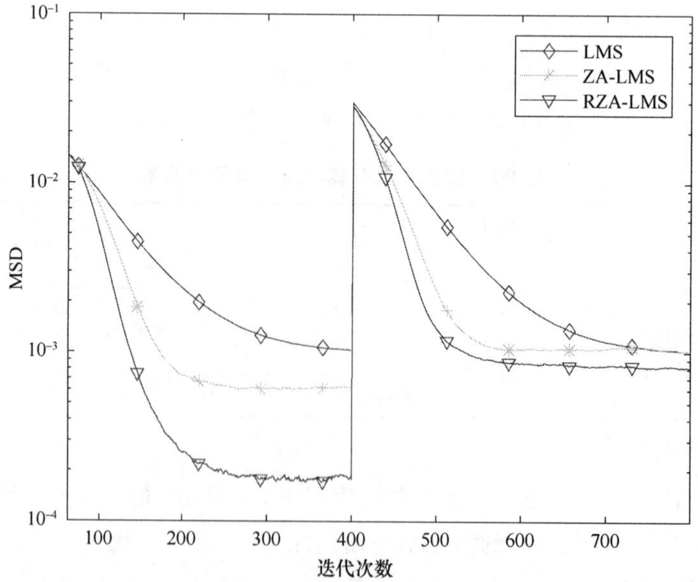

图 4-5 $\varepsilon'_{RZA}=0.1$ 时不同稀疏度的仿真性能对比

对比图 4-4 和图 4-5 可知，$\varepsilon'_{RZA}=0$ 时，RZA-LMS 算法的信道估计性能较好，对于稀疏信道，加权零吸引算法能有效挖掘幅度接近于 ε'_{RZA} 的抽头系数，将幅度小于 ε'_{RZA} 的抽头系数趋于 0。当 ε'_{RZA} 取值很小时，该算子控制模型式(4-11)更接近于 l_0 范数，当 $|h_i(n)| \gg \varepsilon'_{RZA}$ 时，收缩能力会减弱。因此，适当选取 ε'_{RZA} 的值将有助于减小 RZA-LMS 算法的稳态误差。

表 4-2　实验 2 中各算法的稳态平均偏差

算法	$\varepsilon'_{RZA}=0.3$		$\varepsilon'_{RZA}=0.1$	
	$d=1$	$d=4$	$d=1$	$d=4$
LMS	1.019×10^{-3}	1.017×10^{-3}	1.026×10^{-3}	1.018×10^{-3}
ZA-LMS	5.906×10^{-4}	1.074×10^{-3}	6.158×10^{-4}	1.021×10^{-3}
RZA-LMS	3.675×10^{-4}	7.139×10^{-4}	1.789×10^{-4}	8.189×10^{-4}

注：d 为系统稀疏度。

另外，对比表 4-1 和表 4-2 的稳态偏差数据，在 $\varepsilon'_{RZA}=0.3$ 时，与实验 1 相比，实验 2 仅 μ 值增大，其余仿真参数未变，表 4-2 中的结果均大于表 4-1 中的数值，当增大梯度下降步长时，系统的收敛速度加快，系统误差能快速达到稳态，但稳态误差将会增大；当减小梯度下降步长时，系统的稳态误差将会降低，但系统的收敛速度变慢。

4.5 本章小结

本章介绍了基于稀疏度自适应的加权零吸引最小均方协同信道估计算法，该算法的复杂度比较小。此类算法不涉及观测矩阵相应特性的验证问题，计算量大幅度减小。仿真实验证明了算法的有效性，突破了系统稀疏度未知情况下压缩信道感知的局限性，验证了自适应压缩感知理论的可行性。

第 5 章　加权 l_p 范数约束的自适应滤波信道估计算法

5.1 引　　言

由于协同通信在提高传输容量和利用空间分集对抗路径损耗和信道衰落的影响方面具有显著的性能，近年来在无线网络中得到了广泛的研究。在协同通信系统中，精确的信道冲激响应对信道均衡、相干信号检测等都有非常重要的作用，精确的信道状态信息还可以提高 5G 无线通信系统的通信服务质量，特别是对于实时变化的信道。因此，在时变协同中继信道系统中，如何准确估计信道状态信息成为一个重要而富有挑战性的问题。

在协作通信系统中，多径信道中的抽头权值在时间上分布广泛，有效分量很少，也就是说多径无线信道的冲激响应仅包含一小部分非零系数，这意味着协同信道具有稀疏结构。因此，协同中继多径无线信道就是具有快速时变和稀疏特性的无线信道。通过利用协同信道冲激响应固有的稀疏性，可以提高信道估计性能。目前，人们对稀疏信道估计的兴趣与日俱增，先进的信道估计算法也得到了发展，如压缩感知算法、稀疏自适应滤波(Sparse Adaptive Filtering,SAF)算法等。

稀疏信道估计方法主要有优化方法、阈值方法和贪婪方法。经典算法包括基追踪算法、正交匹配追踪算法和迭代阈值算法。遗憾的是，这些算法不适用于快速时变环境下的稀疏信道估计。在我们前期的研究中，所提出的稀疏自适应期望最大化算法采用了期望最大化算法和 Kalman 滤波器，该算法能够很好地利用信道稀疏性，跟踪时变信道的真实支持集，但其计算复杂度太高。

因此，基于 LMS 的稀疏自适应滤波算法或递归最小二乘(RLS)算法由于其运算复杂度低而得到了广泛关注和发展。此外，在正则化 LMS 算法的基础上，出现了一类新的稀疏自适应算法，采用稀疏惩罚诱导策略，在传统的自适应滤波算法的瞬时误差中加入稀疏惩罚项。稀疏性约束可以是 l_1 范数、加权 l_1 范数、近似 l_0 范数和非凸稀疏性惩罚等。这些算法与传统的自适应滤波方法相比，具有收敛速度快、均方误差小的优点，代表性算法包括零吸引最小均方算法(ZA-LMS)、加权零吸引 LMS(RZA-LMS)等。ZA-LMS 算法在传统 LMS 算法的代价函数中采用 l_1 范数惩罚，l_1 范数作为零吸引项修正参数矢量更新方程。

RZA-LMS 引入了对数和惩罚，其性能与 l_0 范数算法相似。清华大学谷源涛等人提出了 l_0 范数约束 LMS 算法，将 l_0 范数惩罚引入 LMS 算法的代价函数中。l_0 范数是一种更精确的稀疏性度量函数，定义为未知系统向量中非零元素的个数。类似地，算法 ZA-RLS-I 和 ZA-RLS-II 分别在 RLS 算法的代价函数中增加了 l_1 范数惩罚项及近似的 l_1 范数惩罚项，而不是对 RLS 算法的代价函数进行自适应加权的 l_2 范数惩罚。ZA-RLS 算法的性能优于其他 RLS 算法，但其均方误差却不如稀疏 LMS 算法。

近年来，非凸方法在解决稀疏恢复问题方面受到了较广泛的关注。此外，一些研究表明，非凸罚函数比凸罚函数具有更好的稀疏诱导性。当惩罚函数接近 l_p 范数时，与凸函数 l_1 范数最小化相比，即使在较弱的条件下，也能保证局部和全局最优性。本章利用自适应滤波器的框架，研究稀疏级联信道的快速识别问题。为了研究协作中继通信系统的稀疏特性，提出了一种新的稀疏感知 LMS 算法，推导并讨论了在不同算法参数和系统稀疏性下，失调矢量的期望值，通过仿真研究验证了该算法稳健性强、计算量小且易于实现。

5.2 系统模型和 LMS 算法

在放大转发模式的单中继通信网络结构中，系统由源节点 T_1、目的节点 T_2 和一个中继节点 R 组成。假定所有终端仅配备一个天线并以半双工模式工作。当节点 T_2 与节点 T_1 之间的通信链路由于远距离或者受屏蔽效应的影响而不能正常通信时，源节点 T_1 将通过中继节点 R 将信号转发至目的节点 T_2。源节点 T_1 和中继节点 R 之间的信道冲激响应表示为 $\boldsymbol{g}=[g_0, g_1, \cdots g_{L_g-1}]$，中继节点 R 和目的节点 T_2 之间的信道冲激响应表示为 $\boldsymbol{k}=[k_0, k_1, \cdots k_{L_k-1}]$，$L_g$ 和 L_k 为相应信道时域响应的最大延迟长度。各个节点之间的信道相互独立且为准静态，服从循环对称零均值复高斯随机分布，即 $g_i \sim CN(0, \sigma_{g,i}^2)$，$k_i \sim CN(0, \sigma_{k,i}^2)$，假设源节点和中继节点的平均功率分别假设为 P_S 和 P_R。

在放大转发模式下，源节点 T_1 将信号 $\boldsymbol{x}$ 发送至中继节点，中继节点接收到信号之后，对其进行 α 倍的放大，并将其送入 R 和 T_2 之间的信道中，中继节点 R 处接收到的信号表示为

$$\boldsymbol{r}=\boldsymbol{g}\boldsymbol{x}+\boldsymbol{n}_r \tag{5-1}$$

其中，$\boldsymbol{n}_r$ 是均值为零、方差为 $E[n_r n_r^H]=\sigma_r^2$ 的高斯白噪声信号。

在第二时隙中，中继节点 R 将接收到的信号放大并转发到目的节点 T_2，T_2 接收到的信号可表示为

$$\boldsymbol{y}(n)=\underbrace{\alpha\boldsymbol{k}\boldsymbol{g}}_{\boldsymbol{h}}\boldsymbol{x}+\underbrace{\alpha\boldsymbol{k}\boldsymbol{n}_r+\boldsymbol{n}_1}_{v}=\boldsymbol{h}\boldsymbol{x}+\boldsymbol{v} \tag{5-2}$$

其中：$\boldsymbol{h}\triangleq\alpha(\boldsymbol{g}*\boldsymbol{k})$ 表示协同卷积级联信道的冲激响应，其最大延迟长度为 $L=L_g+L_k-1$；$\boldsymbol{n}_1$ 表示 T_2 处的噪声信号，是均值为零，方差为 σ_1^2 的高斯白噪声信号；$\boldsymbol{v}=\alpha\boldsymbol{k}\boldsymbol{n}_r+\boldsymbol{n}_1$ 是系统混

合噪声信号，放大转发因子 $\alpha=\sqrt{P_R/[P_S\sigma_g^2+\sigma_r^2]}$，其中，$\sigma_g^2=\sum_{i=0}^{L_g-1}\sigma_{g,i}^2$。

结合图 4-1 所示的自适应滤波框图，由 $\boldsymbol{y}(n)$ 可知输出期望信号 $d(n)$ 可表示为

$$\boldsymbol{d}(n)=\boldsymbol{h}^{\mathrm{T}}(n)\boldsymbol{x}(n)+v(n) \tag{5-3}$$

其中，$\boldsymbol{v}(n)$ 是噪声信号。估计误差 $e(n)$ 是未知系统的输出信号与自适应滤波器的输出之间的瞬时误差，可用式(5-4)表示：

$$e(n)=d(n)-\hat{\boldsymbol{h}}^{\mathrm{T}}(n)\boldsymbol{x}(n) \tag{5-4}$$

$\hat{\boldsymbol{h}}=[\hat{h}_0,\hat{h}_1,\cdots\hat{h}_{L-1}]^{\mathrm{T}}$ 为自适应滤波器的输出信号，表示自适应滤波器的抽头权重向量。噪声矢量 $\boldsymbol{v}(n)$ 服从均值为零、方差为 δ_v^2 的高斯分布。本节假设自适应抽头加权矢量 $\boldsymbol{h}(n)$、输入信号 $\boldsymbol{x}(n)$ 和加性噪声信号 $\boldsymbol{v}(n)$ 之间是相互独立的。

根据标准的 LMS 框架，代价函数定义为 $\xi(n)=0.5\ |e(n)|^2$。滤波器系数向量的迭代更新方程可推导为

$$\hat{\boldsymbol{h}}(n+1)=\hat{\boldsymbol{h}}(n)-\mu\frac{\partial\xi(n)}{\partial\hat{\boldsymbol{h}}(n)}=\hat{\boldsymbol{h}}(n)+\mu e(n)\boldsymbol{x}(n) \tag{5-5}$$

其中，μ 是迭代步长参数，须满足 $\mu\in(0,1/\lambda_{\max})$，以调整 LMS 算法的收敛速度和稳定性能。$\lambda_{\max}$ 是 P_x 的最大特征值，此处 $P_x=E[\boldsymbol{x}(n)\boldsymbol{x}^{\mathrm{T}}(n)]$，表示输入信号 $\boldsymbol{x}(n)$ 的协方差矩阵。

5.3 加权 l_p 范数 LMS 算法的信道估计算法

本节主要研究利用稀疏约束自适应滤波算法，快速识别协同系统的未知信道状态信息。所研究的稀疏协同系统的冲激响应抽头系数由少量的非零系数组成，也就是说，信道状态向量中的大部分系数应为零或较小值。为了提高稀疏自适应信道估计的性能，本节提出了一种新的基于代价函数的稀疏感知系统辨识方法。为了充分利用协同中继通信系统的稀疏结构，将与稀疏性有更密切关系的 l_p 范数引入传统 LMS 算法的代价函数中，引入信道状态信息的加权作为稀疏惩罚项，该方法可以加速和提高稀疏级联信道估计的性能。

受非凸罚函数比凸罚函数具有更好的稀疏诱导性思想的启发，提出一种加权 $l_p(0<p<1)$ 范数来度量信道向量的稀疏性的方法，信道向量的 l_p 范数可表示为

$$\|\hat{\boldsymbol{h}}(n)\|_p=\left(\sum_i|\hat{\boldsymbol{h}}(n)|^p\right)^{\frac{1}{p}} \tag{5-6}$$

当 p 值接近 1 时，l_p 范数将转化为 l_1 范数；当 p 值无限接近 0 时，l_p 范数可近似为 l_0 范数。

$$\lim_{p\to 1}\|\hat{\boldsymbol{h}}(n)\|_p=\|\hat{\boldsymbol{h}}(n)\|_1=\sum_{i=1}^{L}|\hat{\boldsymbol{h}}(i)|$$

$$\lim_{p\to 0}\|\hat{\boldsymbol{h}}(n)\|_p=\|\hat{\boldsymbol{h}}(n)\|_0$$

为了改善稀疏信道状态信息的估计性能，提出一个新的代价函数，该函数结合了瞬时信道估计平方误差和信道向量的 $l_p(0<p<1)$ 范数惩罚项，表示为

$$\xi_p(n)=\frac{1}{2}|\boldsymbol{e}(n)|^2+\gamma_p\|\hat{\boldsymbol{h}}(n)\|_p \tag{5-7}$$

其中，平衡因子 $\gamma_p>0$ 用于控制 l_p 范数的影响效果。对式(5-7)求梯度，可得

$$\frac{\partial\xi_p(n)}{\partial\hat{\boldsymbol{h}}(n)}=-\boldsymbol{e}(n)\boldsymbol{x}(n)+\gamma_p\frac{(\|\hat{\boldsymbol{h}}(n)\|_p)^{(1-p)}\operatorname{sgn}(\hat{\boldsymbol{h}}(n))}{|\hat{\boldsymbol{h}}(n)|^{(1-p)}} \tag{5-8}$$

式(5-8)右侧的第二项是 l_p 范数的梯度。在 $0<p<1$ 时，由最速下降法导出加权 l_p 范数 LMS 算法的系数更新方程：

$$\hat{\boldsymbol{h}}(n+1)=\hat{\boldsymbol{h}}(n)+\mu\boldsymbol{e}(n)\boldsymbol{x}(n)-\rho_p\frac{(\|\hat{\boldsymbol{h}}(n)\|_p)^{(1-p)}\operatorname{sgn}(\hat{\boldsymbol{h}}(n))}{\varepsilon_p+|\hat{\boldsymbol{h}}(n)|^{(1-p)}} \tag{5-9}$$

其中，$\rho_p=\alpha\mu\gamma_p$ 和 $\beta(0<\beta<1)$ 是用于调整 l_p 范数惩罚项的零吸引程度。算法设置参数 $\varepsilon_p>0$，从而提高算法稳健性和稳定性，使得算法收敛于最优解，并确保 $\hat{\boldsymbol{h}}(n)$ 取零值时算法的有效性。因此，选取合适的 ρ_p 和 ε_p 值对所提算法的性能有很重要的意义。表 5-1 列出了加权 l_p 范数 LMS 算法的过程，其中 $\boldsymbol{0}_L$ 是大小为 L 的零向量。

表 5-1 加权 l_p 范数惩罚 LMS 算法

参数设置：$\mu>0,\gamma>0,\alpha>0,\ \varepsilon_p>0,\ 0<p<1$，$\boldsymbol{g}$ 和 $\boldsymbol{k}$ 为元素多为 0 或者较小值的随机向量
1. 初始化：$\hat{\boldsymbol{h}}(0)=\boldsymbol{0}_L, e(0)=0,\ i=1$
2. 当 $i<N$ 时
3. 利用式(5-4)计算系统误差
4. 根据式(5-7) 更新 $\xi_p(n)$ 的梯度
5. 通过乘以因子 β 更新加权零吸引项
$\beta\times\mu\gamma_p\times(\|\hat{\boldsymbol{h}}(n)\|_p)^{(1-p)}\times\operatorname{sgn}(\hat{\boldsymbol{h}}(n))/[\varepsilon_p+|\hat{\boldsymbol{h}}(n)|^{(1-p)}]$
6. 根据式 (5-9)更新抽头权重向量
7. $i=i+1$
8. 结束

该算法的性能优于加权 l_1-LMS 算法，为了便于对比研究，现对加权 l_1-LMS 算法的基本原理加以说明。

加权 l_1-LMS 算法的原理:另一种挖掘无线通信信道稀疏性的方法是在自适应滤波算法的代价函数中引入加权 l_1 范数约束,加权的 l_1 范数比 l_1 范数更接近 l_0 伪范数,该算法的代价函数为

$$\xi_1(n)=\frac{1}{2}|\boldsymbol{e}(n)|^2+\gamma_1\|\boldsymbol{s}(n)\hat{\boldsymbol{h}}(n)\|_1$$

其中:调节因子 γ_1 用于调整 l_1 范数惩罚项的权重;$\boldsymbol{s}(n)$是权重元素,可以表示为

$$[\boldsymbol{s}(n)]_i=\frac{1}{\varepsilon_1+|[\hat{\boldsymbol{h}}(n-1)]_i|},i=1,2,\cdots,L$$

参数 ε_1 应设置为一个很小的正值,$[\cdot]_i$ 是待估计信道冲激响应系数向量的第 i 个元素。对$\xi_1(n)$求梯度,可得

$$\frac{\partial\xi_1(n)}{\partial\hat{\boldsymbol{h}}(n)}=-\boldsymbol{e}(n)\boldsymbol{x}(n)+\gamma_1\frac{\mathrm{sgn}(\hat{\boldsymbol{h}}(n))}{\varepsilon_1+|\hat{\boldsymbol{h}}(n-1)|}$$

滤波器系数向量的迭代更新方程可推导为

$$\hat{\boldsymbol{h}}(n+1)=\hat{\boldsymbol{h}}(n)+\mu\boldsymbol{e}(n)\boldsymbol{x}(n)-\rho_1\frac{\mathrm{sgn}(\hat{\boldsymbol{h}}(n))}{\varepsilon_1+|\hat{\boldsymbol{h}}(n-1)|}$$

其中,μ 和 $\rho_1=\mu\gamma_1$ 均表示大于 0 的步长,当 $\rho_1=0$ 时,上式将变为标准 LMS 算法。

5.4 计算复杂度分析

表 5-2 中给出了加权 l_p-LMS 算法和其他稀疏感知 LMS 算法的计算复杂度情况,该算法比 l_0-LMS 算法具有更低的计算复杂度,与 RZA-LMS 及加权 l_1-LMS 两种算法的计算量相当。

表 5-2 不同算法的计算复杂度

算 法	计算复杂度
LMS	$(2L)$ Add+$(2L+1)$ Multiply
RZA-LMS	$(4L)$ Add+$(5L+1)$ Multiply
l_0-LMS	$(4L)$ Add+$(5L+1)$ Multiply+(L) Comp
加权 l_1-LMS	$(4L)$ Add+$(5L+1)$ Multiply
Proposed algorithm	$(4L)$ Add+$(5L+1)$ Multiply

注:Add 表示加法运算,Multiply 表示乘法运算,Comp 为比较运算。

5.5 加权 l_p-LMS 算法的性能分析

本节重点说明算法中失调量的稳态特性，并分析加权 l_p-LMS 稀疏自适应信道估计量的平均偏差收敛特性，将性能上限作为加权 l_p-LMS 算法进行精确估计信道状态信息的充分条件。

5.5.1 均值特性分析

假设输入信号 $x(n)$ 为零均值的高斯信号，观测噪声为零均值高斯白噪声，定义 $\boldsymbol{r}(n)=\hat{\boldsymbol{h}}(n)-\boldsymbol{h}$ 为滤波器权系数在每个迭代时刻与最佳权系数的失调矢量，失调矢量的递推更新公式可以表示为

$$\boldsymbol{r}_{n+1}=(\boldsymbol{I}-\mu\boldsymbol{x}_n\boldsymbol{x}_n^{\mathrm{T}})r_n+\mu\boldsymbol{v}_n\boldsymbol{x}_n-\rho_p f(\hat{\boldsymbol{h}}_n) \tag{5-10}$$

其中，$f(\hat{\boldsymbol{h}}_n)$ 定义为

$$f(\hat{\boldsymbol{h}}_n)=\frac{(\|\hat{\boldsymbol{h}}(n)\|_p)^{(1-p)}\operatorname{sgn}(\hat{\boldsymbol{h}}(n))}{\varepsilon_p+|\hat{\boldsymbol{h}}(n)|^{(1-p)}} \tag{5-11}$$

对式(5-10)两端求期望，$\boldsymbol{v}_n$ 与输入信号 $\boldsymbol{x}(n)$ 统计独立无关且均值为零，应用独立假设，可得

$$E[\boldsymbol{r}_{n+1}]=(I-\mu P_x)E[\boldsymbol{r}_n]-\rho_p E[f(\hat{\boldsymbol{h}}_n)] \tag{5-12}$$

$$E[f(\hat{\boldsymbol{h}}_n)]=E\left[\frac{(\|\hat{\boldsymbol{h}}(n)\|_p)^{(1-p)}\operatorname{sgn}(\hat{\boldsymbol{h}}(n))}{\varepsilon_p+|\hat{\boldsymbol{h}}(n)|^{(1-p)}}\right] \tag{5-13}$$

$$-\frac{\rho_p}{\mu P_x}\mathbf{1}<E|E[r_\infty]|<\frac{\rho_p}{\mu P_x}\mathbf{1} \tag{5-14}$$

假设信道冲激响应 $\boldsymbol{h}$ 有 d 个非零元素，即 $\boldsymbol{h}$ 为 d 稀疏向量，进一步推导，可得失调矢量的上界：

$$|E[r_\infty]|<\frac{\rho_p}{\mu P_x}\mathbf{1}\leqslant\frac{\rho_p\,(\sqrt[p]{d})^{1-p}}{\mu P_x[\varepsilon_p+|\hat{h}(n)|^{(1-p)}]}\mathbf{1} \tag{5-15}$$

由失调分量稳态均值的上界可以看出，各项系数旋转后的失调分量的稳态均值将在$-\frac{\rho_p\mathbf{1}}{\mu P_x}$和$\frac{\rho_p\mathbf{1}}{\mu P_x}$之间，其中$\mathbf{1}$表示所有元素为1的向量，这意味着基于加权$l_p$范数惩罚函数的LMS算法具有系数失调向量收敛的稳定性条件。由式(5-15)，针对不同的系统稀疏度d调整参数ε_p，可以获取更好的估计性能。

加权l_1-LMS算法的失调向量稳态均值的上下界为

$$-\frac{\rho_1}{\mu P_x\varepsilon_r}\mathbf{1}\leqslant E|E[r_\infty]|\leqslant\frac{\rho_1}{\mu P_x\varepsilon_r}\mathbf{1} \tag{5-16}$$

当$\rho_1=\rho_p$时，由于ε_r是一个很小的正值参数，所以一般情况下$\frac{\rho_p\mathbf{1}}{\mu P_x}<\frac{\rho_1}{\mu P_x\varepsilon_r}\mathbf{1}$。从理论上讲，加权$l_p$范数稀疏感知LMS算法的性能优于加权$l_1$-LMS算法。

5.5.2 均方误差收敛性能分析

加权l_p-LMS算法的平均偏差(Mean Square Deviation，MSD)边界由式(5-18)给出。为了保证收敛性，算法迭代步长μ应满足以下条件：

$$0<\mu<\frac{2}{(L+2)P_x} \tag{5-17}$$

当$n\to\infty$时，该算法的平均偏差为

$$S(\infty)=\frac{2[1-\mu P_x]\gamma c(\infty)+\gamma^2\mu q(\infty)+L\mu P_v P_x}{P_x[2-(L+2)\mu P_x]} \tag{5-18}$$

其中，$c(n)=E[\boldsymbol{r}^{\mathrm{T}}(n)\boldsymbol{f}(\hat{h}(n))]$，$q(n)=\|\boldsymbol{f}(\hat{h}(n))\|_2^2$，$c(n)$和$q(n)$是有界的，式(5-17)和式(5-18)的证明见附录B。

当μ满足式(5-17)时，可以保证该算法的收敛性。当p接近于零时，该算法的稳态MSD较小，算法的稳态性能优于其他稀疏感知LMS算法。

5.6 仿真实验分析

本节包括三个实验，以证明自适应滤波信道估计算法的性能。仿真中的测试算法包括标准LMS、ZA-LMS、RZA-LMS、加权l_1-LMS算法以及l_0-LMS算法，其代价函数和迭代更新表达式如表5-3所示。

表 5-3 测试算法的基本公式

算 法	代价函数	迭代更新式
LMS	$\xi(n)=\frac{1}{2}\lvert e(n)\rvert^2$	$\hat{\boldsymbol{h}}(n+1)=\hat{\boldsymbol{h}}(n)+\mu e(n)\boldsymbol{x}(n)$
ZA-LMS	$\xi_{ZA}(n)=\frac{1}{2}\lvert e(n)\rvert^2+\gamma_{ZA}\lVert\hat{\boldsymbol{h}}(n)\rVert$	$\hat{\boldsymbol{h}}(n+1)=\hat{\boldsymbol{h}}(n)+\mu e(n)\boldsymbol{x}(n)-\rho_{ZA}\mathrm{sgn}[\hat{\boldsymbol{h}}(n)]$
RZA-LMS	$\xi_{RZA}(n)=\frac{1}{2}\lvert e(n)\rvert^2+\gamma_{RZA}\sum_{l=1}^{L}\log(1+\hat{\boldsymbol{h}}(n))$	$\hat{\boldsymbol{h}}(n+1)=\hat{\boldsymbol{h}}(n)+\mu e(n)\boldsymbol{x}(n)-\rho_{RZA}\frac{\mathrm{sgn}[\hat{\boldsymbol{h}}(n)]}{1+\varepsilon_{RZA}\lvert\hat{\boldsymbol{h}}(n)\rvert}$
l_0-LMS	$\xi_0(n)=\frac{1}{2}\lvert e(n)\rvert^2+\gamma_0\lVert\hat{\boldsymbol{h}}(n)\rVert_0$	$\hat{\boldsymbol{h}}(n+1)=\hat{\boldsymbol{h}}(n)+\mu e(n)\boldsymbol{x}(n)-\rho_0\beta\mathrm{sgn}[\hat{\boldsymbol{h}}(n)]e^{-\beta\lvert\hat{\boldsymbol{h}}(n)\rvert}$
所提算法	$\xi_p(n)=\frac{1}{2}\lvert e(n)\rvert^2+\gamma_p\lVert\hat{\boldsymbol{h}}(n)\rVert_p$	$\hat{\boldsymbol{h}}(n+1)=\hat{\boldsymbol{h}}(n)+\mu e(n)\boldsymbol{x}(n)-\rho_p\frac{(\lVert\hat{\boldsymbol{h}}(n)\rVert_p)^{(1-p)}\mathrm{sgn}(\hat{\boldsymbol{h}}(n))}{\varepsilon_p+\lvert\hat{\boldsymbol{h}}(n)\rvert^{(1-p)}}$

实验 1 测试算法的收敛性能。假设协同中继系统中链路 $T_1\rightarrow R$ 和 $R\rightarrow T_2$ 的信道向量具有相同的长度 $L_g=L_k=16$，则卷积级联信道的长度为 $L=L_g+L_k-1=31$。分两种情况进行实验，第一种情况中，信道冲激响应 g 和 k 包含 2 个非零系数且均匀分布，其他系数均为零，使得系统的稀疏度为 $d=2$；第二种情况中，g 和 k 包含 4 个均匀分布的非零系数，其余系数均为零，稀疏度为 $d=4$。

所有非零系数的值是从均值为零和方差为 1 的高斯分布中随机选取，将加权 l_p-LMS 稀疏信道估计算法和加权 l_1-LMS 算法的参数设置为 $\rho_p=\rho_1=5\times10^{-4}$，$\varepsilon_p=\varepsilon_1=1.2$，在 ZA-LMS 算法和 RZA-LMS 算法中，参数设置为 $\rho_{ZA}=\rho_{RZA}=5\times10^{-4}$ 和 $\varepsilon_{RZA}=10$。实验中所有算法的步长均为 $\mu=0.02$，算法分别在低信噪比(SNR)10 dB 和高信噪比 20 dB 下迭代运行 400 次，实际信道状态信息和估计信道状态信息之间的均方误差曲线如图 5-1 和图 5-2 所示。

未知信道稀疏度为 2 时，算法的 MSE 曲线如图 5-1(a)、(b)所示，稀疏度为 4 时的信道估计 MSE 结果如图 5-2(a)、(b) 所示。对比图 5-1 和图 5-2，当信道的稀疏度增加时，也就是随着信道冲激响应中非零系数个数的增加，稀疏感知 LMS 算法的收敛性能将会降低。通过分析对比性能曲线，可知加权 l_p-LMS 算法对未知系统的辨识性比其他算法都要好。在 SNR=10 dB 的情况下，l_0 范数约束稀疏滤波算法具有与加权 l_p-LMS 算法相似的性能，由此可知，l_0-LMS 在低信噪比时可能具有较好的性能。

实验 2 测试信道长度增加时，算法的收敛性能。系统中源节点—中继节点、中继节点—目的节点的链路信道向量具有相同的长度 $L_g=L_k=32$，因此，卷积级联信道的长度为 $L=L_g+L_k-1=63$。稀疏程度不同的情况有 3 种，在第一种情况下，信道冲激响应 g 和 k 中有两个非零抽头稀疏；在第二种情况下，信道冲激响应 g 和 k 包含 4 个非零的随机抽头系数；在第三种情况下，g 和 k 包含 16 个非零的随机信道抽头稀疏。此三种情况中，非零抽头在信道系数向量中的位置均是随机选择的，非零抽头的值都服从高斯分布，未知系统的信噪比设为 10 dB 和 20 dB，各算法的迭代步长 μ 取值同实验 1，$\rho_{ZA}=\rho_{RZA}=5\times10^{-4}$，$\varepsilon_{RZA}=10$，$\rho_p=\rho_1=5\times10^{-4}$，且 $\varepsilon_p=\varepsilon_1=1.2$。

(a) SNR=10 dB

(b) SNR=20 dB

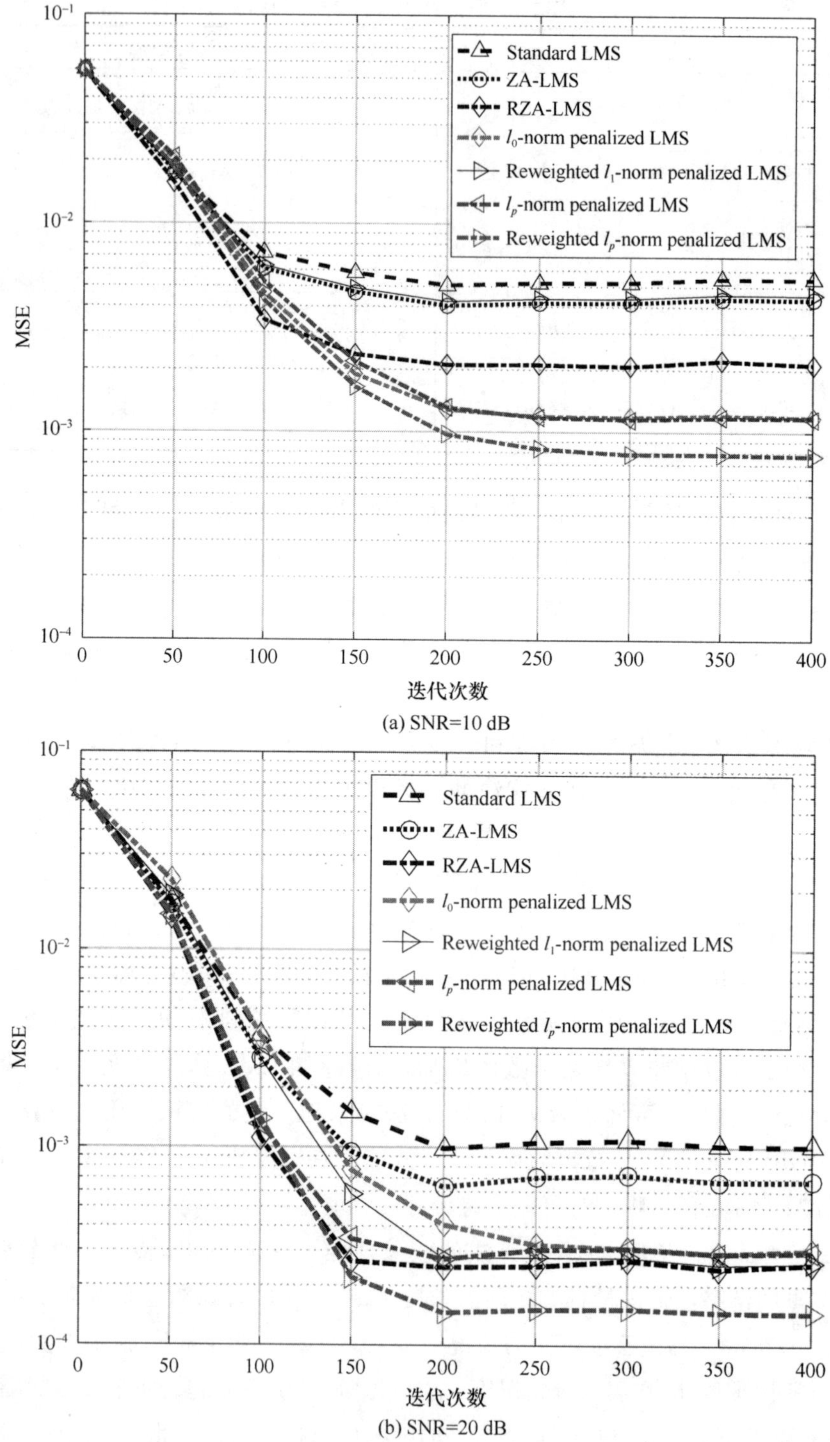

图 5-1 算法的收敛与稳态性能($L=31,d=2$)

注：Reweighted l_p-norm LMS 为加权 l_p-LMS 算法，Reweighted l_1-norm LMS 为加权 l_1-LMS 算法。

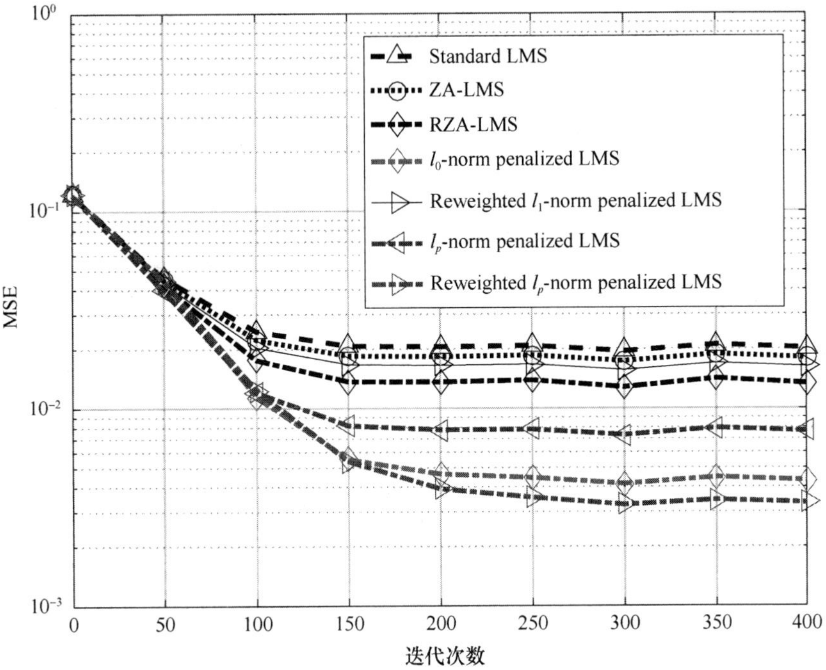

(a) SNR=10 dB

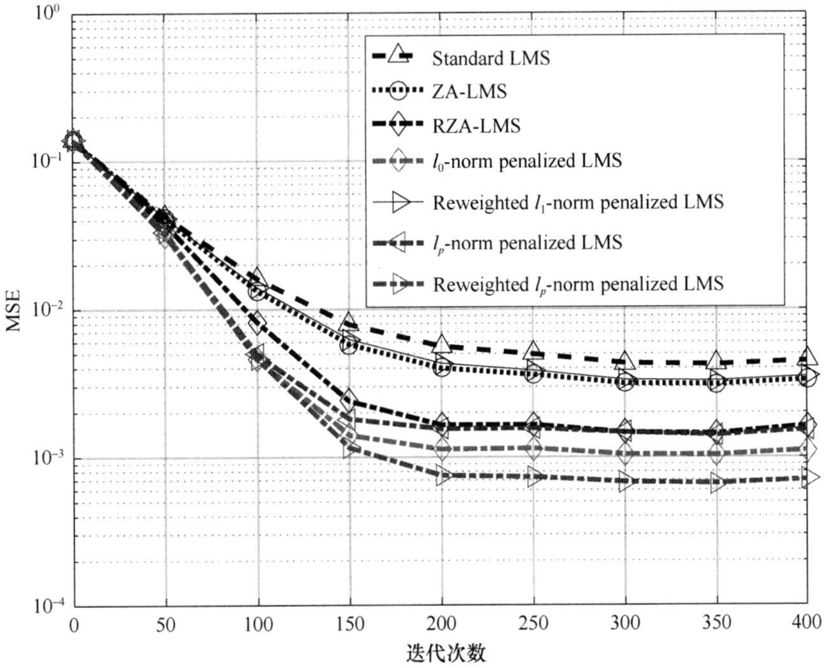

(b) SNR=20 dB

图 5-2 算法的收敛与稳态性能($L=31$，$d=4$)

对比分析图 5-3～图 5-6 所示性能曲线可知，低信噪比情况下，与其他算法相比，加权 l_p-LMS 算法的稳态性能最好，收敛速度也更快。系统中非零个数相同的情况下，图 5-3 和图 5-4 的收敛性能优于图 5-1 和图 5-2 的收敛性能。理论推导表明，在相同的稀疏条件下，信道长度越长，信道估计的性能就越好，其潜在的因素是在该实验中系统具有较高的稀疏程度，将系统稀疏程度定义为 d/L。

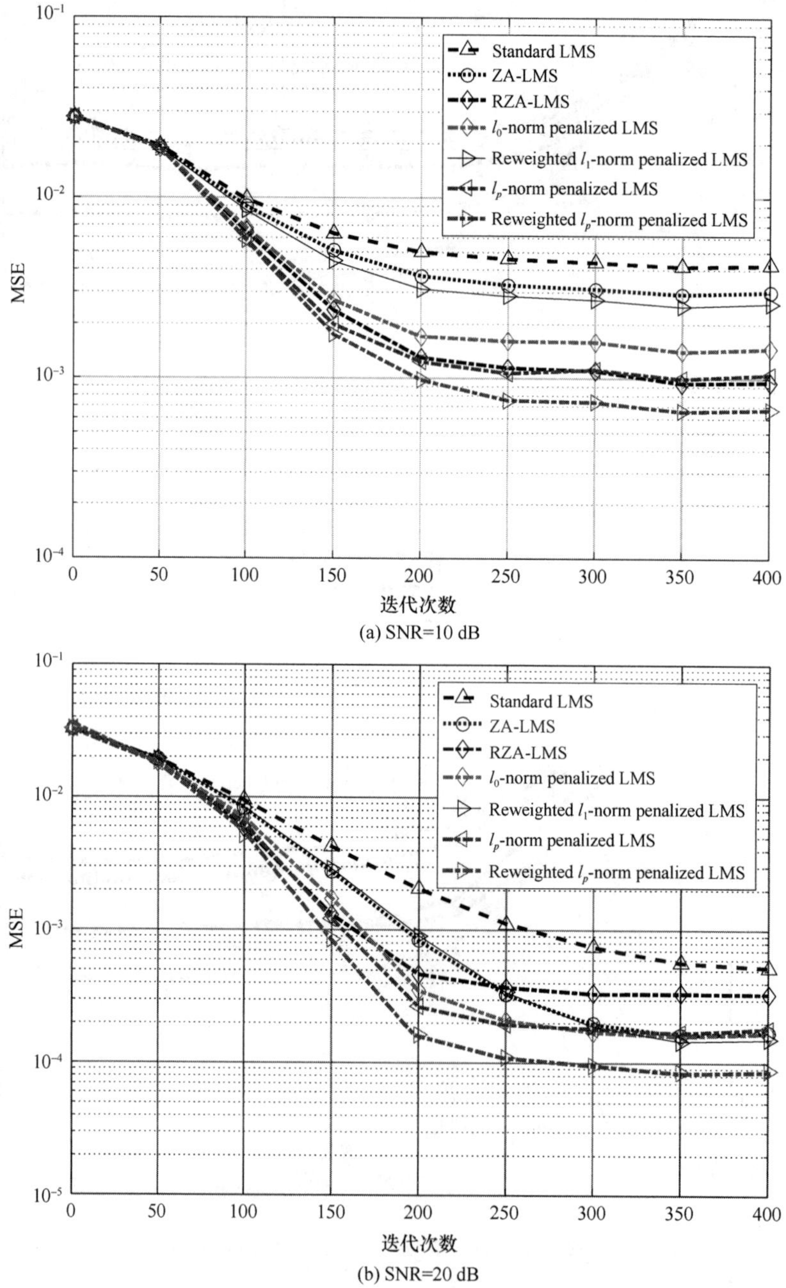

(a) SNR=10 dB

(b) SNR=20 dB

图 5-3　算法的收敛与稳态性能（$L=63$，$d=2$）

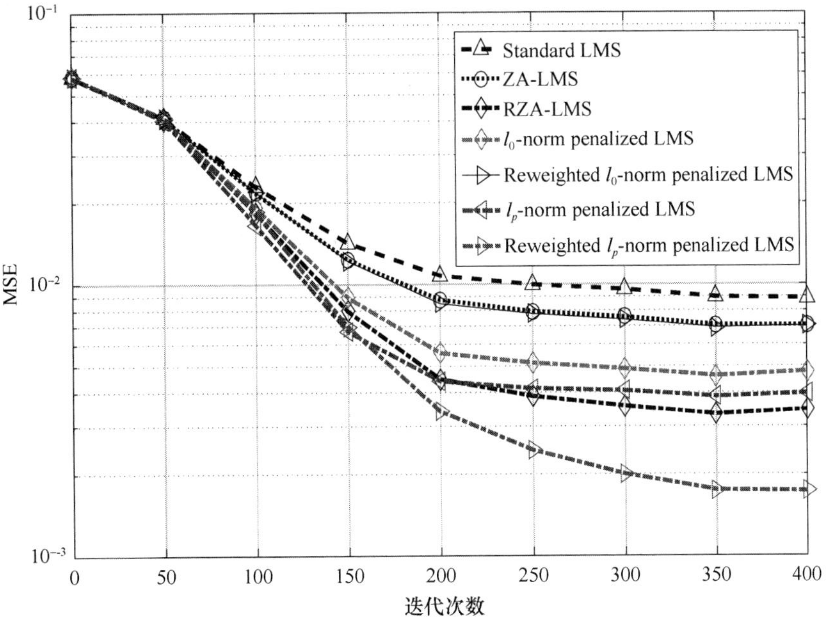

(a) SNR=10 dB

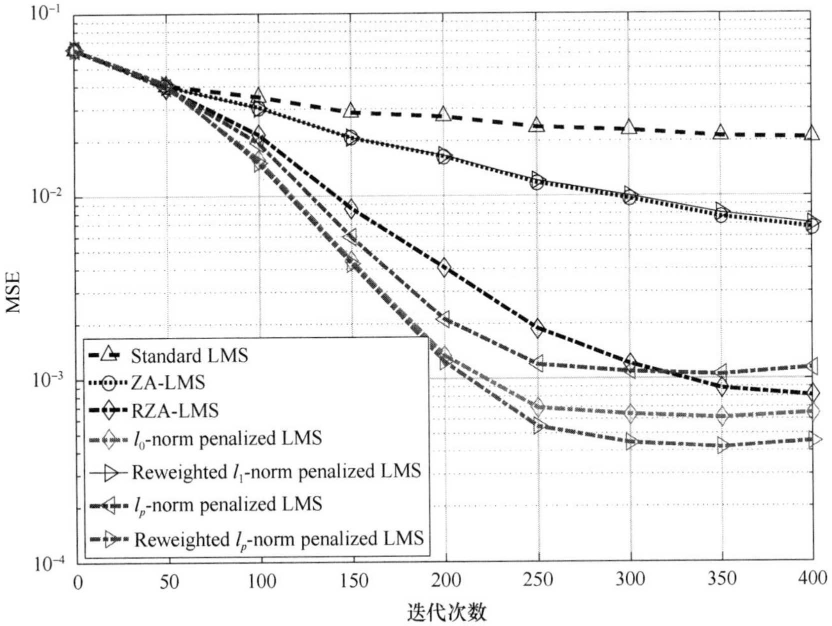

(b) SNR=20 dB

图 5-4　算法的收敛与稳态性能($L=63$, $d=4$)

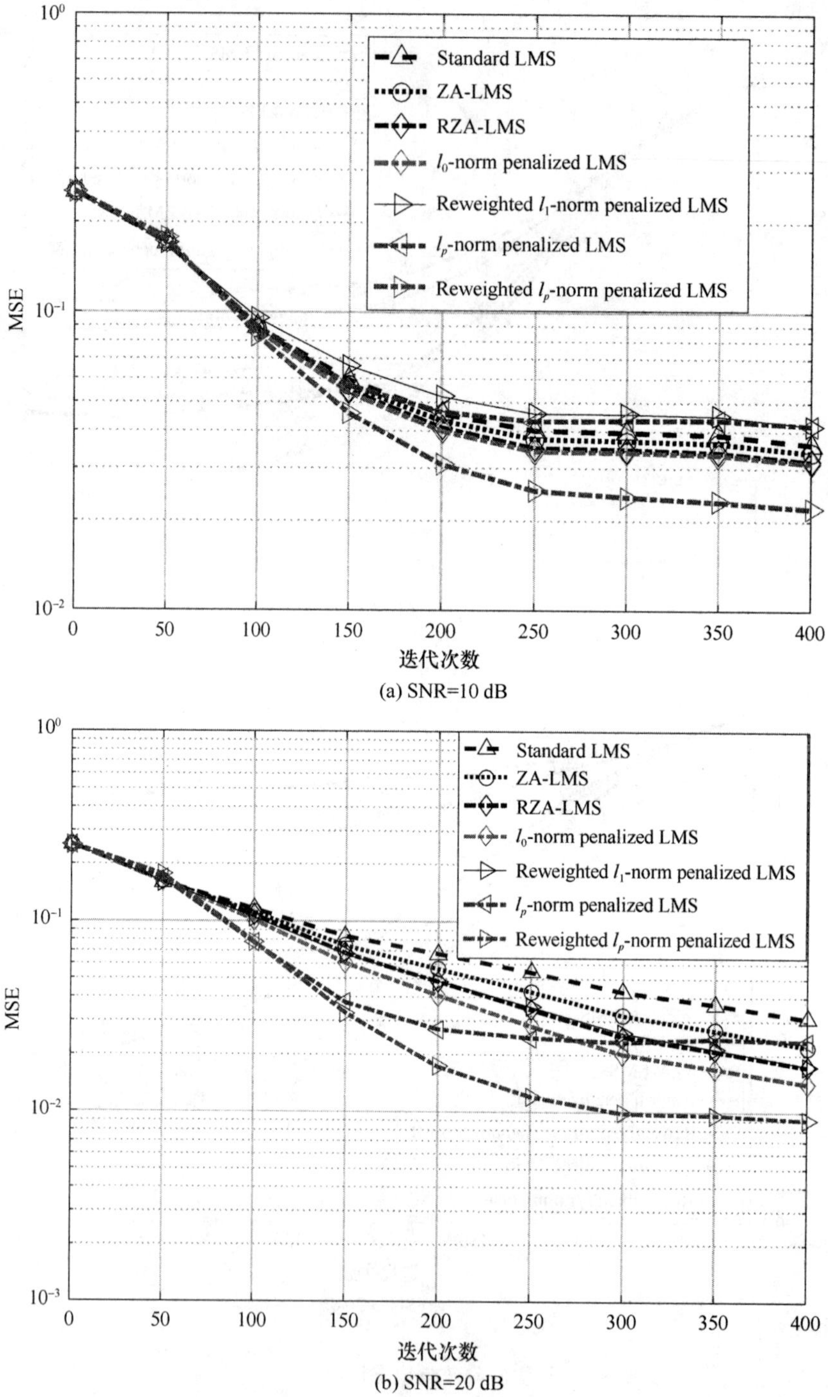

(a) SNR=10 dB

(b) SNR=20 dB

图 5-5　算法的收敛与稳态性能($L=63,d=16$)

实验 3　稀疏度 d、p 值和 L 取不同值时，测试算法的收敛及稳态性能。分三种情况进行实验：(1) 将稀疏度 d 设置为 $d=2/4/8/16$，信道长度为 $L_g=L_k=32$，测试加权 l_p-LMS 及加权 l_1-LMS 算法的性能；(2)加权 l_p-LMS 算法中，l_p 范数的 p 的取值为 $p=0.4/0.5/$

0.7/0.9，稀疏度 $d=2$，信道长度为 $L_g=L_k=32$；(3)信道长度取不同的值，即 $L_g=L_k=16/32/64$，稀疏度 $d=2$。三种情况下，信道非零抽头的位置是随机选取的，仿真结果如图 5-6～图 5-8 所示。

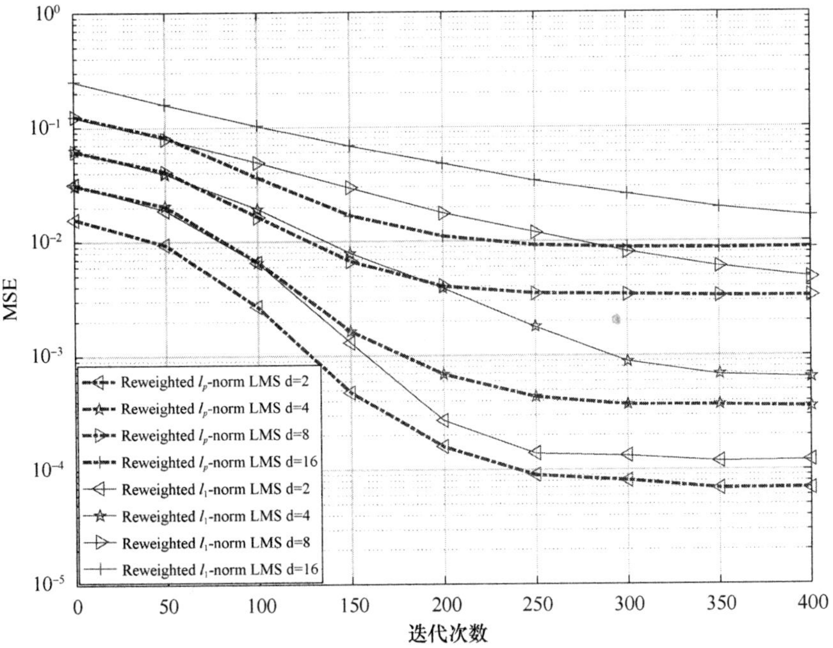

图 5-6 稀疏度不同时，两种算法的收敛及稳态性能

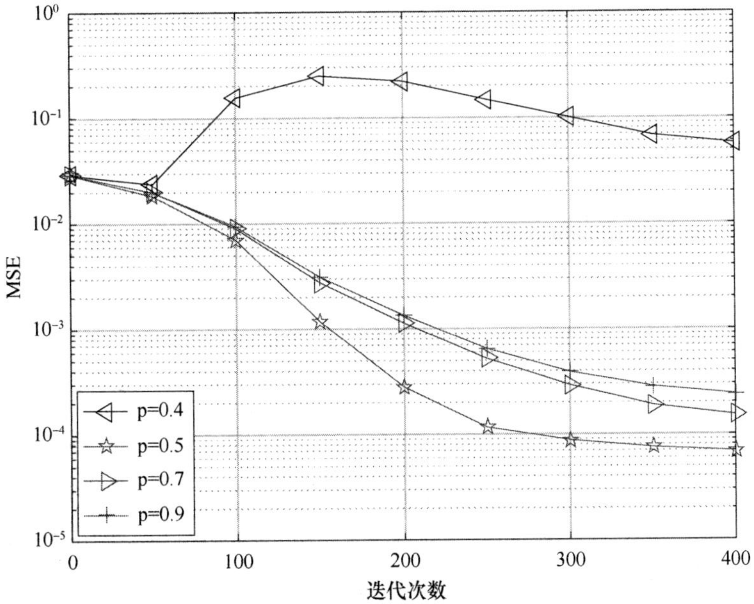

图 5-7 取不同 p 值时加权 l_p-LMS 算法的性能曲线

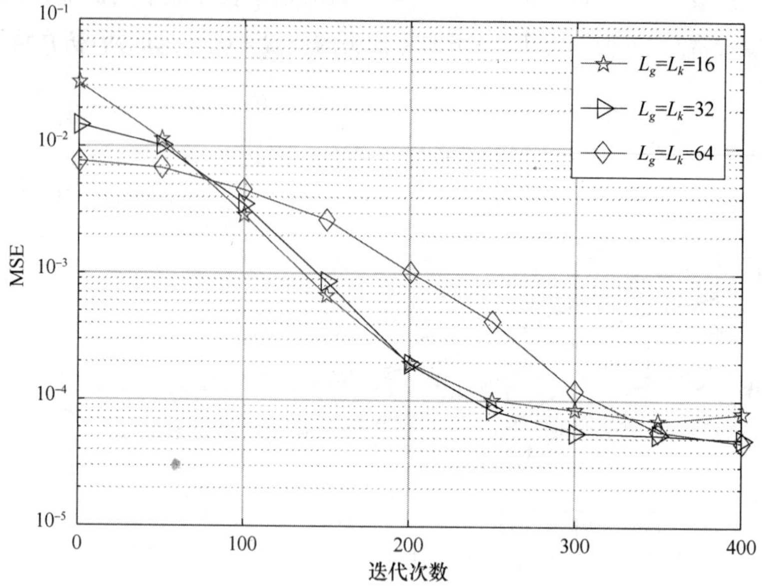

图 5-8　信道长度不同时加权 l_p-LMS 算法的性能曲线

当 d 的取值较大时，信道冲激响应将具有更多的非零系数，也就是说系统稀疏度较低。系统稀疏度变化时，加权 l_p-LMS 算法和加权 l_1-LMS 算法的收敛及稳态性能曲线如图 5-6 所示，分析曲线变化情况可知，两种稀疏感知 LMS 算法的性能随着信道稀疏度的增加而降低，其原因是式(5-15)中 $E[r_\infty]$的值随着 d 的增加而增大。整体而言，加权 l_p 范数惩罚的 LMS 算法比加权 l_1-LMS 算法具有更好的估计性能。但在 d 值较大时，加权 l_1 范数惩罚的 LMS 算法的收敛性能逐渐接近加权 l_p-LMS 算法的性能。

分析图 5-7 所示的性能曲线，随着 $p(0<p<1)$值的增加，加权 l_p-LMS 算法的估计性能降低，由仿真结果可知，当 $p=0.5$ 时，l_p-LMS 具有较好的估计精度。如图 5-8 所示，当系统信道长度由 $L_g=L_k=16$ 增加为 $L_g=L_k=32$ 时，也就是级联信道的长度从 $L=31$ 变为 $L=63$，加权 l_p-LMS 算法的稳态性能更好，随着信道长度的持续增加，变化到 $L_g=L_k=64$ 时，$L=127$ 算法的收敛速度逐渐减弱，随着迭代运行次数的增加，算法的稳态性能有所改善，此现象可以通过式(5-18)的稳态边界来证明。

5.7　本章小结

针对时变协同通信系统，研究稀疏自适应信道重构问题，提出了一种新的稀疏自适应系统辨识方法，即加权 $l_p(0<p<1)$范数惩罚的最小均方(LMS)算法。该算法的主要思想是将具有稀疏结构信息的 l_p 范数作为惩罚项引入 LMS 算法代价函数的正则项中，加权因子的作用是调节 l_p 范数的自适应稀疏系统辨识的平衡参数。另外，理论上推导出权重稀疏失调量的稳态上限，并证明了 $l_p(0<p<1)$范数稀疏性诱导性优于加权 l_1-LMS 算法，讨论

了 l_p 范数中 p 值的最优选择。通过实验说明了仿真结果与理论分析的一致性，验证了加权 l_p-LMS 算法的有效性。与其他稀疏感知 LMS 算法及标准 LMS 算法相比，加权 l_p-LMS 算法具有更快的收敛速度和更好的稳态性能。

第 6 章　变步长 l_p-LMS 算法的稀疏系统辨识

针对稀疏未知系统的辨识问题，提出了一种基于 $l_p(0<p<1)$ 范数的稀疏约束变步长最小均方自适应滤波算法，并对其收敛性进行了理论分析。该算法将系统迭代过程中产生的预测误差的平方根引入步长控制中，设置了平衡系数以平衡系统的收敛速度和稳态误差，使步长在迭代过程中能够得到实时的调整。同时，将 l_p 范数作为惩罚约束项作用在代价函数中，使得自适应过程具有吸引零滤波器系数的能力。该算法不需要实时调整稀疏约束项，简化了计算复杂度。由于 l_p 范数约束比 l_1 范数更加接近 l_0 范数，系统辨识结果较为精确。仿真结果表明，该算法在系统辨识中收敛速度和稳定性均优于现有的稀疏系统辨识方法。

6.1　引　　言

自适应滤波算法因其具有较强的适应性和更好的过滤性能，已经在无线通信信号处理、雷达杂波对消、信道均衡和系统识别等领域得到了广泛应用。自适应滤波的目的是对不确定的系统进行辨识或者信息处理。当所研究的信息处理过程及其系统环境的数学模型不完全确定时，称之为“不确定性”，这种不确定性的环境常有如噪声等未知随机因素的影响。面对这些客观存在的各种不确定性，如何结合最优的算法有效地进行信息的处理，是自适应滤波需要解决的问题。

在实际应用中，很多未知的待辨识系统具有稀疏结构，由于传统的自适应算法没有考虑和利用稀疏约束条件，不能有效利用系统中的稀疏结构信息，因而参数估计的效率不高。随着稀疏信号处理理论的发展，稀疏系统辨识研究得到了极大关注并取得了显著的突破，零吸引最小均方(Zero-Attracting LMS，ZA-LMS)算法首次提出了在传统 LMS 的迭代更新公式中引入零点吸引的思想，吸引子在每次系数迭代时吸引抽头系数向零矢量靠近，当某项系数小于零时，该系数会额外增加一个小值，当某项系数大于零时，该系数会额外减去一个小值，使得系统中的零系数快速收敛，加快了稀疏辨识算法的收敛速度和对系统的跟踪速度，提高了辨识精度。在此基础上，加权零吸引最小均方(Reweighted Zero-Attracting LMS，RZA-LMS)算法、基于范数惩罚的 LMS 算法等稀疏约束的算法相继产生并得到了极大的关注。在以上算法的启发下，本章提出了基于 l_p 范数约束的平方根变步长 LMS(P

Norm Square Root Least Mean Square，PN-SRLMS)算法。该算法采用预测误差绝对值的平方根调节迭代步长函数，利用平方根运算对正小数具有放大作用的特点，对误差进行非线性放大。当误差较大时，该算法中的动态步长能够提供一个较大值以促进系统均方误差的快速收敛；当误差较小时，动态步长能提供一个较小的值以降低稳态误差。为了充分利用未知系统的稀疏性，在变步长的基础上引入了 l_p 范数约束惩罚项，当 $0<p<1$ 时，l_p 范数更近似于 l_0 范数，使得自适应过程具有吸引零滤波器系数的能力。该算法利用 l_p 范数构建新的代价函数，再根据随机梯度下降法并结合变步长函数导出具有 l_p 范数约束的权值迭代更新公式，从而改善收敛、跟踪性能和降低稳态失调误差。所提出的 PN-SRLMS 算法不需要像自适应 l_p 范数一样实时调整稀疏约束项，简化了系统的复杂度。理论分析和仿真结果均验证了所提算法在收敛速度和估计精度方面优于现有的算法，有望为解决稀疏系统辨识问题提供有实用价值的算法工具。

6.2 稀疏约束 LMS 算法回顾

在最小均方滤波系统中，设 $\boldsymbol{x}(n)=[x_0x_1\cdots x_{N-1}]^{\mathrm{T}}$ 和 $\boldsymbol{h}(n)=[h_0h_1\cdots h_{N-1}]^{\mathrm{T}}$ 分别为输入向量和权系数向量，该滤波系统的权系数向量包括 k 个非零值，即稀疏度为 k。$\boldsymbol{d}(n)$为滤波系统的期望输出，$\boldsymbol{v}(n)$为零均值高斯白噪声且假设与 $\boldsymbol{x}(n)$统计独立。自适应滤波系统的输出和期望输出之间的差为

$$\boldsymbol{e}(n)=\boldsymbol{d}(n)-\hat{\boldsymbol{h}}^{\mathrm{T}}(n)\boldsymbol{x}(n) \tag{6-1}$$

标准的 LMS 算法是通过误差 $\boldsymbol{e}(n)$实时调节自适应滤波器的抽头权重向量 $\boldsymbol{h}(n)$以使滤波器逐渐收敛并稳定。其代价函数表示为

$$L(n)=\frac{1}{2}e^2(n) \tag{6-2}$$

为了改善标准 LMS 算法中不能提供稀疏系统辨识的缺点，ZA-LMS 算法在代价函数中引入能够表征稀疏特性的 l_1 范数，即 $L_{\mathrm{ZA}}(n)=|\boldsymbol{e}(n)|^2+\gamma_{\mathrm{ZA}}\|\boldsymbol{h}(n)\|_1$，零吸引子的收缩导致 ZA-LMS 不能有效识别非零抽头和零抽头的具体位置，所有的抽头系数都被统一归零，当系统不具有稀疏结构特性时，该算法的估计结果误差较大。为了解决算法对稀疏系统和密集系统的适应性，谷源涛等人提出了加权零吸引算法 RZA-LMS，其代价函数为 $L_{\mathrm{RZA}}(n)=|\boldsymbol{e}(n)|^2+\gamma_{\mathrm{RZA}}\sum_{i-1}^{L}\log\left[1+\frac{\hat{h}_i(n)}{\varepsilon'_{\mathrm{RZA}}}\right]/\beta_{\mathrm{RZA}}$，该算法采用了比 l_1 范数更近似于 l_0 范数的对数约束正则项，可以有效挖掘幅度接近 β_{RZA} 的抽头系数，进而降低了 ZA-LMS 算法中的有偏误差。

6.3 变步长 l_p 范数 LMS 算法

本章提出的变步长 l_p 范数 LMS 算法采用预测误差绝对值的平方根产生迭代步长函数，是基于平方根运算对正小数具有放大作用的考虑，利用平方根运算对误差进行非线性放大，在固定步长 μ 的基础上引入了估计误差绝对值的平方根 $\sqrt{|e(n)|}$，使步长随着误差的变化而变化，步长函数定义为

$$\mu(n)=\mu\sqrt{|e(n)|/V_{\text{th}}} \tag{6-3}$$

其中：V_{th}是一个常数调节因子；μ 表示梯度下降的步长，$0<\mu<\frac{1}{\lambda_{\max}}$是保证算法收敛的条件，$\lambda_{\max}$为输入信号 $\boldsymbol{x}(n)$的自相关矩阵 $\boldsymbol{R}$ 的最大特征值。为了对稀疏系统进行有效辨识，在代价函数中引入能够表征稀疏特性的 l_p 范数：

$$L(n)=\frac{1}{2}e^2(n)+\gamma\|\boldsymbol{h}(n)\|_p^p \tag{6-4}$$

其中，γ 为稀疏约束加权值，$0<\mu<1$，$\|h(n)\|_p^p$可表示为

$$\|\boldsymbol{h}(n)\|_p^p=\sum_{i=0}^{N-1}|h_i(n)|^p, 0<p<1 \tag{6-5}$$

当 p 趋近于零时，l_p 范数近似于 l_0 范数：

$$\lim_{p\to 0}\|\boldsymbol{h}(n)\|_p^p=\|\boldsymbol{h}(n)\|_0 \tag{6-6}$$

当 p 趋近于 1 时，l_p 范数近似于 l_1 范数：

$$\lim_{p\to 1}\|\boldsymbol{h}(n)\|_p^p=\|\boldsymbol{h}(n)\|_1 \tag{6-7}$$

求取代价函数 $L(n)$的梯度，可得

$$\nabla L(n)=-e(n)\boldsymbol{x}(n)+\gamma\frac{p\,\text{sgn}[\boldsymbol{h}(n)]}{|\boldsymbol{h}(n)|^{1-p}} \tag{6-8}$$

滤波器的权值更新函数可以表示为

$$\boldsymbol{h}(n+1)=\boldsymbol{h}(n)+\mu e(n)\boldsymbol{x}(n)-K(n)\frac{\rho\text{sgn}(\boldsymbol{h}(n))}{\varepsilon+|\boldsymbol{h}(n)|^{1-p}} \tag{6-9}$$

其中，$K(n)=\gamma\mu(n)$，变步长的思想利用了平方根对小数(随着迭代的进行，误差一般都小于 1)的放大挖掘作用，将误差放大，从而加速了均方误差的收敛。通过 $\sqrt{|e(n)|}$ 和V_{th}的调节可以使自适应滤波器在迭代初期误差较大时，步长 $\mu(n)$大于标准 LMS 的步长 μ，收敛速度

加快；随着迭代进行，误差将会减小，$\mu(n)$将小于标准 LMS 的步长 μ，稳态误差将会降低。算法描述如表 6-1 所示。

表 6-1 算法描述

初始化	$h(0)=\text{zeros}(N,1)$
参数初始化	$\gamma,p,\mu,V_{\text{th}}$
for	$n=1,2,3\cdots,\text{do}$
	$\boldsymbol{e}(n)=d(n)-\boldsymbol{y}(n)$
	$\boldsymbol{y}(n)=\boldsymbol{x}^{\text{T}}(n)\boldsymbol{h}(n)$
where	$\mu(n)=\mu\sqrt{\lvert e(n)\rvert/V_{\text{th}}}$

变步长 l_p 范数 LMS 算法的步长引入了预测误差的平方根，大的预测误差会导致步长增加以提供更快的跟踪，而小的预测误差会导致步长减小以产生更小的失调。该算法克服了 LMS/F 和 VSSLMS 算法对附加噪声和信噪比敏感的缺点，使其对不同的信道环境都有良好的收敛性能。随后的仿真结果验证了所提出的算法在收敛速度和稳态误差方面优于其他相关算法。

6.4 算法收敛性能分析

本节简要分析变步长 l_p 范数 LMS 算法的收敛性，从理论上给出该算法的稳定性条件。为了便于分析，进行如下统计假设。

假设 1：输入训练序列 $\boldsymbol{x}(n)$满足零均值高斯分布且各元素独立同分布。

假设 2：输入训练序列 $\boldsymbol{x}(n)$与滤波器权值向量 $\boldsymbol{h}(n)$统计独立。

假设 3：$v(n)$是均值为零、方差为σ_v^2 的噪声信号，且分别与 $\boldsymbol{x}(n)$和 $\boldsymbol{h}(n)$统计独立。

假设 4：步长 $\mu(n)$分别与输入训练序列 $\boldsymbol{x}(n)$和滤波器权值向量 $\boldsymbol{h}(n)$统计独立。

定义失调矢量表示滤波器权系数在每个迭代时刻与期望权系数之间的差，即 $\boldsymbol{\delta}(n)=\boldsymbol{h}(n)-\boldsymbol{h}_0$，结合式(6-9)，失调矢量 $\boldsymbol{\delta}(n)$的更新函数可以表示为

$$\begin{aligned}\boldsymbol{\delta}(n+1)&=\boldsymbol{h}(n+1)-\boldsymbol{h}_0\\&=\boldsymbol{A}\boldsymbol{\delta}(n)+\mu(n)\boldsymbol{v}(n)\boldsymbol{x}(n)-K(n)\boldsymbol{B}\end{aligned}\tag{6-10}$$

其中，$\boldsymbol{A}=\boldsymbol{I}-\mu(n)\boldsymbol{x}(n)\boldsymbol{x}^{\text{T}}(n)$，$\boldsymbol{B}=\dfrac{\rho\operatorname{sgn}(\boldsymbol{h}(n))}{\varepsilon+\lvert\boldsymbol{h}(n)\rvert^{1-p}}$。

定义 $\boldsymbol{\delta}(n)$的协方差矩阵为

$$\boldsymbol{S}(n)=E[\boldsymbol{\delta}(n)\boldsymbol{\delta}^{\text{T}}(n)]\tag{6-11}$$

其更新表达式如式(6-12)所示，推导过程详见附录 C：

$$\begin{aligned}\boldsymbol{S}(n+1)=&\boldsymbol{S}(n)-\mu(n)\boldsymbol{R}\boldsymbol{S}(n)-\mu(n)\boldsymbol{S}(n)\boldsymbol{R}+\\&2\mu^2(n)\boldsymbol{R}\boldsymbol{S}(n)\boldsymbol{R}+\mu^2(n)\boldsymbol{R}\mathrm{tr}[\boldsymbol{S}(n)\boldsymbol{R}]-\\&K(n)E[\boldsymbol{\delta}(n)\boldsymbol{B}^{\mathrm{T}}]-K(n)\mu(n)\boldsymbol{R}E[\boldsymbol{\delta}(n)\boldsymbol{B}^{\mathrm{T}}]+\\&\mu^2(n)\sigma_v^2\boldsymbol{R}-K(n)E[\boldsymbol{B}\boldsymbol{\delta}^{\mathrm{T}}(n)]-\\&K(n)\mu(n)E[\boldsymbol{B}\boldsymbol{\delta}^{\mathrm{T}}(n)]\boldsymbol{R}+K^2(n)E[\boldsymbol{B}\boldsymbol{B}^{\mathrm{T}}]\end{aligned}\tag{6-12}$$

在式(6-12)两侧对矩阵求迹,即 $\mathrm{tr}[\boldsymbol{S}(n+1)]$,其中 $\mathrm{tr}[\cdot]$是矩阵的迹,可得(证明过程详见附录 D):

$$\begin{aligned}\mathrm{tr}[\boldsymbol{S}(n+1)]\leqslant&\{1+\mu^2(n)\mathrm{tr}^2[\boldsymbol{R}]-2\mu(n)\mathrm{tr}[\boldsymbol{R}]+2\mu^2(n)\mathrm{tr}[\boldsymbol{R}^2]\}\mathrm{tr}[\boldsymbol{S}(n)]-\\&K(n)\mathrm{tr}\{E[\boldsymbol{\delta}(n)\boldsymbol{B}^{\mathrm{T}}]\}-K(n)\mu(n)\mathrm{tr}\{\boldsymbol{R}E[\boldsymbol{\delta}(n)\boldsymbol{B}^{\mathrm{T}}]\}+\\&\mu^2(n)\sigma_v^2\mathrm{tr}[\boldsymbol{R}]-K(n)\mathrm{tr}\{E[\boldsymbol{B}\boldsymbol{\delta}^{\mathrm{T}}(n)]\}-\\&K(n)\mu(n)\mathrm{tr}\{E[\boldsymbol{B}\boldsymbol{\delta}^{\mathrm{T}}(n)]\boldsymbol{R}\}+K^2(n)\mathrm{tr}\{E[\boldsymbol{B}\boldsymbol{B}^{\mathrm{T}}]\}\end{aligned}\tag{6-13}$$

其中,$K(n)$、$E[\boldsymbol{\delta}(n)\boldsymbol{B}^{\mathrm{T}}]$、$E[\boldsymbol{B}\boldsymbol{B}^{\mathrm{T}}]$都是有界的,故若要使得式(6-13)所有项收敛,只需满足条件:

$$|1+\mu^2(n)\mathrm{tr}^2[\boldsymbol{R}]-2\mu(n)\mathrm{tr}[\boldsymbol{R}]+2\mu^2(n)\mathrm{tr}[\boldsymbol{R}^2]|<1\tag{6-14}$$

进一步计算,可得

$$0<\mu(n)<\frac{2\mathrm{tr}[\boldsymbol{R}]}{\mathrm{tr}^2[\boldsymbol{R}]+2\mathrm{tr}[\boldsymbol{R}^2]}\tag{6-15}$$

当变步长函数 $\mu(n)$满足(6-15)式时,所提出算法是收敛的。

6.5 仿真实验

本节为验证所提算法的有效性,对稀疏通信系统进行信道估计,分别仿真了未加稀疏约束的平方根变步长 LMS(Square Root Variable Step-Size LMS,SRVSS-LMS)算法和引入 l_p 范数约束的 PN-SRLMS 算法的性能。在所有实验中,运用 1 000 次蒙特卡罗运行获得每个数据点,信道的长度为 128,非零系数个数分别为 8 和 16。

实验 1 关于平衡系数和 p 值的仿真分析。首先对本节提出的平方根变步长算法的动态步长进行仿真分析,并将其与传统 LMS 算法的固定步长进行了对比,如图 6-1 所示。实验中,动态步长 $\mu(n)$的调节因子 V_{th}分别取值 0.5、1、1.5。平方根变步长算法的步长为 $\mu(n)=\mu\sqrt{|e(n)|/V_{\mathrm{th}}}$,系统预测误差的绝对值取平方根 $\sqrt{|e(n)|}$,算法的步长 $\mu(n)$与 $\sqrt{|e(n)|}$成非线性关系:迭代初期,信道系数估计误差较大,动态步长 $\mu(n)$也较大,且减小缓慢,有助于算法快速收敛;随着迭代的进行,误差 $e(n)$逐渐减小,动态步长 $\mu(n)$也随之快速减小以保证算法有较小的稳态误差。V_{th}的引入可以用来调节动态步长 $\mu(n)$的变化速率,V_{th}越小 $\mu(n)$衰减越快。

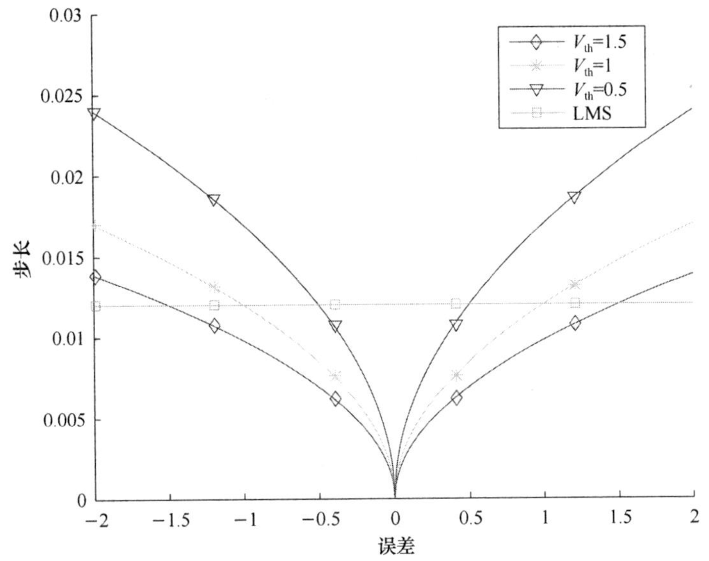

图 6-1 调节因子实验分析

为了获取能够使 l_p 范数最优逼近 l_0 范数的 p 值，对不同 p 值时的 PN-SRLMS 算法的性能进行了仿真。如图 6-2 所示，引入 l_p 范数约束的平方根变步长算法较 SRLMS 算法有较好的收敛速度和稳态误差，且随着 p 值的缩小，算法的性能得到大幅改善，因为当 p 趋近于 0 时，l_p 范数近似于 l_0 范数，就越接近于 l_0 范数惩罚的函数，也就能够较为准确地利用系统的稀疏结构信息，自适应滤波器的性能就表现得更好。由图 6-2 可知，p 取 0.1 和 0.2 时算法的收敛速度和稳态误差具有一定的优势。

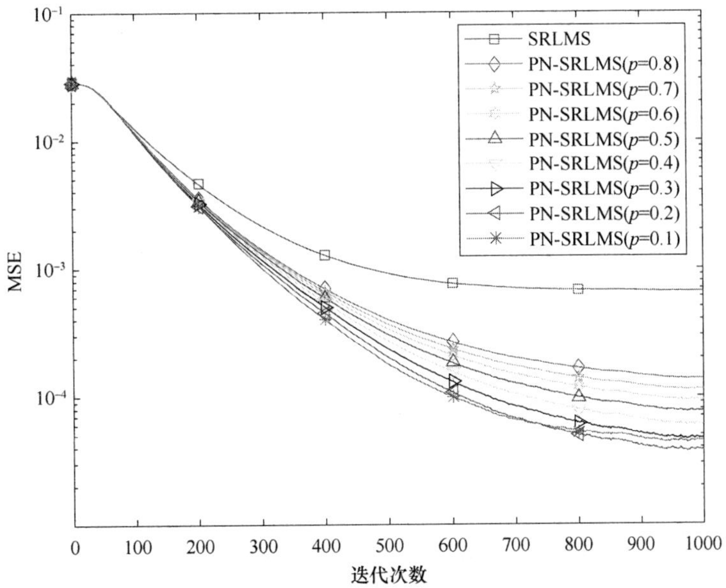

图 6-2 不同 p 值的 PN-SRLMS 算法性能

实验 2 算法的收敛性能仿真。未知系统同实验 1 的初始状态，输入信号是方差为 1 的高斯白噪信号，信噪比为 20 dB，p 取值为 0.2。测试算法包括标准 LMS、ZA-LMS、RZA-LMS、LMSF、RNA-LMSF、VSSLMS、ZA-VSSLMS、PN-SRLMS，各算法的参数取值如表 6-2 所示。

表 6-2 实验 2 中各算法的参数取值

算法	μ	λ	α	ρ	β	γ	ε	V_{th}
LMS	0.012	—	—	—	—	—	—	—
ZA-LMS	0.012	—	—	$4.8e^{-5}\times\lg(M)$	—	—	—	—
RZA-LMS	0.012	—	—	$4.8e^{-5}\times\lg(M)$	0.33	—	—	—
LMSF	0.012	0.01	—	—	—	—	—	—
RNA-LMSF	0.012	0.01	—	$5e^{-3}$	12	—	—	—
VSSLMS	—	—	0.97	—	—	$4.8e^{-4}$	—	—
ZA-VSSLMS	—	—	0.97	$6e^{-7}\times\lg(M)$	—	$4.8e^{-4}$	—	—
PN-SRLMS	0.012	—	—	—	—	$1.8e^{-2}$	0.05	1

注：M 为训练序列长度。

各个算法的 MSE 曲线如图 6-3 所示，凡是引入稀疏约束的算法，其收敛速度与稳态误差性能相较于传统算法都有了很大的提升，从均方误差 MSE 的结果可以看出，在稀疏系统中，PN-SRLMS 算法比其他算法具有较快的收敛速度和较小的均方误差。相比于其他算法，所提出的基于 l_p 范数的平方根变步长自适应滤波算法收敛速度最快且稳态误差值最小。RNA-LMSF 算法中也引入了 l_p 范数惩罚项，其原理是将信道抽头分成大组和小组，目的是给大组带来弱吸引力，对小组产生强烈的零吸引力，但是该算法在实际仿真分析时性能不及本节的固定 p 值 l_p 范数，通过适当修改 p 值可达到最佳估计性能，并且能够大幅降低计算复杂度。

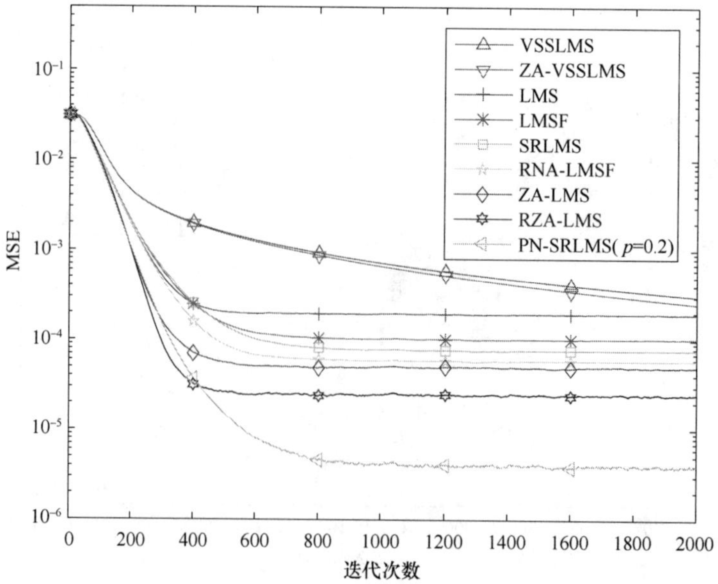

图 6-3 算法收敛性能分析

实验 3 算法的收敛和跟踪性能分析。测试算法及各算法的参数取值同实验 2，信噪比为 20 dB。仿真结果如图 6-4 所示，当信道突然发生变化时，即信道的稀疏度由 8 变为 16 时，信道的稀疏程度降低，PN-SRLMS 算法很快感知到系统的变化，比其他算法具有较快的收敛速度和较小的均方误差。不同的是，当系统的稀疏程度降低时，稀疏约束的 LMS 算法的稳态性能显著降低，而传统 LMS 算法的稳态误差不随系统稀疏度变化而变化，具有较好的稳定性，而 PN-SRLMS 算法也同样很好地保持了该优势。

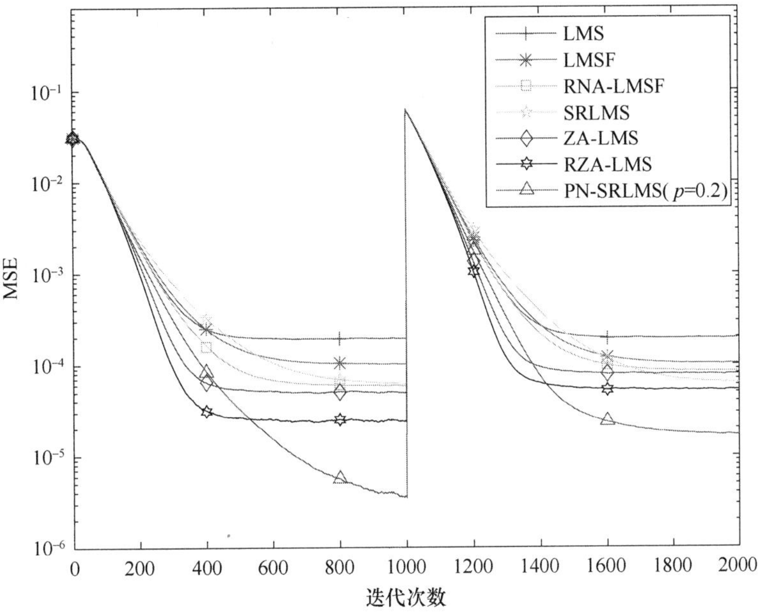

图 6-4 算法跟踪性能分析

6.6 本章小结

本节提出了一种新的 l_p 范数约束稀疏变步长 LMS 算法并对其收敛性进行了分析，基于变步长 p 范数的自适应稀疏信道估计算法，该算法的复杂度相比较小。仿真结果证明了算法的有效性，突破了系统稀疏度未知情况下信道感知的局限性，验证了稀疏自适应滤波理论的可行性。该算法在保持传统 LMS 算法优良的收敛速度和稳态性能的基础上，进一步提高了系统的收敛速度和对未知系统的辨识精度。

第7章　基于 Log-Sum LMS 的稀疏信道估计算法

本章介绍一种具有对数和约束的未知系统辨识算法,并用于稀疏信道估计。为了获得更好的性能,在最小均方算法的代价函数中加入对数和公式作为惩罚项,在迭代过程中作为零吸引子,推导了超量均方误差的收敛性。仿真分析证明,对数和 LMS 算法在信道估计方面具有较好的稳态性能。

7.1　LMS 算法及超均方误差表示

对于点对点稀疏通信系统,其输入信号为 $\boldsymbol{x}(n)$,输出信号为 $\boldsymbol{d}(n)$,系统传输关系可表示为

$$d(n)=\boldsymbol{h}^{\mathrm{T}}(n)\boldsymbol{x}(n)+\boldsymbol{v}(n) \tag{7-1}$$

其中,$\boldsymbol{h}(n)=[h_0,h_1,\cdots,h_{L-1}]$表示未知信道向量,$\boldsymbol{v}(n)$代表均值为 0、方差为 δ_v^2 的噪声向量,满足独立同分布。同样地,输入信号和噪声信号也是独立的,滤波器的误差信号 $\boldsymbol{e}(n)$可以表示为

$$e(n)=d(n)-\hat{\boldsymbol{h}}^{\mathrm{T}}(n)\boldsymbol{x}(n) \tag{7-2}$$

其中,$\hat{\boldsymbol{h}}=[\hat{h}_0,\hat{h}_1,\cdots\hat{h}_{L-1}]^{\mathrm{T}}$ 代表自适应权重向量,标准 LMS 算法的代价函数通常定义为 $L(n=0.5\boldsymbol{e}^2(n))$,利用梯度下降法可以将其最小化得到权重更新公式:

$$\hat{\boldsymbol{h}}(n+1)=\hat{\boldsymbol{h}}(n)-\mu\frac{\partial L(n)}{\partial\hat{\boldsymbol{h}}(n)}=\hat{\boldsymbol{h}}(n)+\mu e(n)\boldsymbol{x}(n) \tag{7-3}$$

其中,μ 代表步长参量,当其满足 $\mu\in(0,\frac{1}{\lambda_{\max}})$时,LMS 算法收敛,$\lambda_{\max}$表示输入信号 $\boldsymbol{x}(n)$的协方差矩阵 $\boldsymbol{R}=E[\boldsymbol{x}(n)\boldsymbol{x}^{\mathrm{T}}(n)]$的最大特征值。为了分析 LMS 算法的收敛性能,将信道估计的误差向量定义为

$$\boldsymbol{z}(n)=\hat{\boldsymbol{h}}(n)-\boldsymbol{h} \tag{7-4}$$

输入信号 $\boldsymbol{x}(n)$ 和误差信号 $\boldsymbol{z}(n)$ 统计独立，超均方误差（Excess Mean Square Error，EMSE）可以表示为

$$P_{\mathrm{ex}}(n)=E\left[(\boldsymbol{z}^{\mathrm{T}}(n)\boldsymbol{x}(n))^{2}\right]=E\left[\boldsymbol{z}^{\mathrm{T}}(n)\boldsymbol{x}(n)x^{\mathrm{T}}(n)\boldsymbol{z}(n)\right] \tag{7-5}$$

由文献[120]，标准 LMS 算法的稳态超 MSE 为

$$P_{\mathrm{ex}}(\infty)=\frac{\eta}{2-\eta}\delta_{v}^{2} \tag{7-6}$$

其中，$\eta=\mu\mathrm{tr}\{\boldsymbol{R}(\boldsymbol{I}-\mu\boldsymbol{R})^{-1}\}$。

7.2 对数和约束 LMS 算法

假设未知信道的时域冲激响应 $\boldsymbol{h}(n)$ 包含非常少的非零元素，即向量 $\boldsymbol{h}(n)$ 具有稀疏结构。为了实现精确的信道估计，提出基于对数和约束的最小均方算法，为了加强零吸引的作用，在标准 LMS 算法的代价函数中引入一个对数和项，构造一个信道代价函数 $L_{\mathrm{S}}(n)$，即

$$L_{\mathrm{S}}(n)=0.5e^{2}(n)+\gamma_{\mathrm{S}}\sum_{i=1}^{L}\log\left(\alpha+\frac{|\hat{h}_{i}(n)|}{\beta}\right) \tag{7-7}$$

其中：$|\hat{h}_{i}(n)|$ 是向量 $\hat{\boldsymbol{h}}(n)$ 的第 i 个元素，$\hat{\boldsymbol{h}}(n)$ 为自适应滤波器的输出，即信道冲激响应 $\boldsymbol{h}(n)$ 的估计值；γ_{S} 及 α、β 均为正数。$\sum_{i=1}^{L}\log\left(\alpha+\frac{|\hat{h}_{i}(n)|}{\beta}\right)$ 是对数和惩罚，该惩罚函数接近 l_0 范数。利用梯度下降法，对式(7-7)两侧求梯度，进而得到算法的系数更新方程，可以表示为

$$\hat{\boldsymbol{h}}(n+1)=\hat{\boldsymbol{h}}(n)+\mu\boldsymbol{e}(n)\boldsymbol{x}(n)-\rho_{\mathrm{S}}\frac{\mathrm{sgn}(\hat{\boldsymbol{h}}(n))}{\varepsilon_{\mathrm{S}}+|\hat{\boldsymbol{h}}(n)|} \tag{7-8}$$

其中：$\rho_{\mathrm{S}}=\mu\gamma_{\mathrm{S}}$；$\varepsilon_{\mathrm{S}}=\alpha\beta$；sgn(·)表示符号函数。此外，$\varepsilon_{\mathrm{S}}$ 应设置为一个很小的正值或小于 $\hat{\boldsymbol{h}}(n)$ 的期望非零值，代价函数 $L_{\mathrm{S}}(n)$ 是凸的，即该算法在一定的条件下可以收敛到全局最小。

7.3 收敛性分析

本节将讨论对数和最小均方算法的均值收敛性，结合第 5 章最小均方自适应滤波器的表达式(5-3)，并定义 $\boldsymbol{z}(n)=\hat{\boldsymbol{h}}(n)-\boldsymbol{h}$ 为滤波器权系数在每个迭代时刻与最佳权系数的失调矢量，则失调矢量的递推更新公式可以表示为

$$z(n+1)=(\boldsymbol{I}-\mu\boldsymbol{x}(n)\boldsymbol{x}^{\mathrm{T}}(n))\boldsymbol{z}_n+\mu\boldsymbol{v}(n)\boldsymbol{x}(n)-\rho_{\mathrm{S}}\frac{\mathrm{sgn}(\hat{\boldsymbol{h}}(n))}{\varepsilon_{\mathrm{S}}+|\hat{\boldsymbol{h}}(n)|} \tag{7-9}$$

由于 $\boldsymbol{v}(n)$ 和 $\boldsymbol{x}(n)$ 是统计独立的，$\boldsymbol{v}(n)$ 是均值为 0、方差为 δ_v^2 的高斯信号，可得失调量的均值表达式：

$$\boldsymbol{E}[\boldsymbol{z}(n+1)]=(\boldsymbol{I}-\mu\boldsymbol{R})\boldsymbol{E}[\boldsymbol{z}_n]-\rho_{\mathrm{S}}E\left[\frac{\mathrm{sgn}(\hat{\boldsymbol{h}}(n))}{\varepsilon_{\mathrm{S}}+|\hat{\boldsymbol{h}}(n)|}\right] \tag{7-10}$$

其中，$\boldsymbol{R}=E[\boldsymbol{x}(n)\boldsymbol{x}^{\mathrm{T}}(n)]$，分析式(7-10)，发现 $\dfrac{\mathrm{sgn}(\hat{\boldsymbol{h}}(n))}{\varepsilon_{\mathrm{S}}+|\hat{\boldsymbol{h}}(n)|}$ 项是有界的，即

$$\left|\frac{\mathrm{sgn}(\hat{\boldsymbol{h}}(n))}{\varepsilon_{\mathrm{S}}+|\hat{\boldsymbol{h}}(n)|}\right|\leqslant\frac{1}{\varepsilon_{\mathrm{S}}} \tag{7-11}$$

分析式(7-10)，如果系数误差均值向量是有界的，那么矩阵 $(\boldsymbol{I}-\mu\boldsymbol{R})$ 的最大特征值应该小于 1，即当 $n\to\infty$ 时，对数和 LMS 算法的平均收敛条件与标准 LMS 算法的平均收敛条件相同。

接下来推导对数和 LMS 算法的超额均方误差，$\boldsymbol{z}^{\mathrm{T}}(n)\boldsymbol{x}(n)\boldsymbol{x}^{\mathrm{T}}(n)\boldsymbol{z}(n)$ 是一个标量，可知，

$$\mathrm{tr}(\boldsymbol{z}^{\mathrm{T}}(n)\boldsymbol{x}(n)\boldsymbol{x}^{\mathrm{T}}(n)\boldsymbol{z}(n))=\mathrm{tr}(\boldsymbol{x}(n)\boldsymbol{x}^{\mathrm{T}}(n)\boldsymbol{z}(n)\boldsymbol{z}^{\mathrm{T}}(n)) \tag{7-12}$$

现有的数学知识表明矩阵的迹和期望是可互换的，因此式(7-5)可以简化为

$$\begin{aligned}P_{\mathrm{ex}}(\infty)&=\lim_{n\to\infty}P_{\mathrm{ex}}(n)\\&=\lim_{n\to\infty}E[\boldsymbol{z}^{\mathrm{T}}(n)\boldsymbol{x}(n)\boldsymbol{x}^{\mathrm{T}}(n)\boldsymbol{z}(n)]\\&=\mathrm{tr}[\boldsymbol{R}\boldsymbol{R}_z]\end{aligned} \tag{7-13}$$

其中，$\boldsymbol{R}_z=\lim\limits_{n\to\infty}E[\boldsymbol{z}(n)\boldsymbol{z}^{\mathrm{T}}(n)]$，进一步推导，可得

$$\begin{aligned}\boldsymbol{z}(n+1)\boldsymbol{z}^{\mathrm{T}}(n+1)=&\left[\boldsymbol{z}(n)-\mu\boldsymbol{x}(n)\boldsymbol{x}^{\mathrm{T}}(n)\boldsymbol{z}(n)+\mu\boldsymbol{v}(n)\boldsymbol{x}(n)-\rho_{\mathrm{S}}\frac{\mathrm{sgn}(\hat{\boldsymbol{h}}(n))}{\varepsilon_{\mathrm{S}}+|\hat{\boldsymbol{h}}(n)|}\right]\times\\&\left[\boldsymbol{z}(n)-\mu\boldsymbol{x}(n)\boldsymbol{x}^{\mathrm{T}}(n)\boldsymbol{z}(n)+\mu\boldsymbol{v}(n)\boldsymbol{x}(n)-\rho_{\mathrm{S}}\frac{\mathrm{sgn}(\hat{\boldsymbol{h}}(n))}{\varepsilon_{\mathrm{S}}+|\hat{\boldsymbol{h}}(n)|}\right]^{\mathrm{T}}\end{aligned} \tag{7-14}$$

结合本章对信号及噪声信号的假设，求式(7-14)的期望，可得

$$\begin{aligned}E[\boldsymbol{z}(n+1)\boldsymbol{z}^{\mathrm{T}}(n+1)]=&\boldsymbol{R}_z-\mu(\boldsymbol{R}_z\boldsymbol{R}+\boldsymbol{R}\boldsymbol{R}_z)+\mu^2\delta_v^2\boldsymbol{R}+\mu^2\{2\boldsymbol{R}\boldsymbol{R}_z\boldsymbol{R}+\boldsymbol{R}\mathrm{tr}[\boldsymbol{R}\boldsymbol{R}_z]\}-\\&P(n)+Q(n)\end{aligned} \tag{7-15}$$

$$P(n)=\rho_S\left\{(\boldsymbol{I}-\mu\boldsymbol{R})E\left[\boldsymbol{z}_n\frac{\operatorname{sgn}(\hat{\boldsymbol{h}}(n))}{\varepsilon_S+|\hat{\boldsymbol{h}}(n)|}\right]+E\left[\frac{\operatorname{sgn}(\hat{\boldsymbol{h}}(n))}{\varepsilon_S+|\hat{\boldsymbol{h}}(n)|}\boldsymbol{z}^{\mathrm{T}}(n)\right](\boldsymbol{I}-\mu\boldsymbol{R})\right\} \tag{7-16}$$

$$Q(n)=\rho_S^2E\left[\frac{\operatorname{sgn}(\hat{\boldsymbol{h}}(n))}{\varepsilon_S+|\hat{\boldsymbol{h}}(n)|}\times\frac{\operatorname{sgn}(\hat{\boldsymbol{h}}^{\mathrm{T}}(n))}{\varepsilon_s+|\hat{\boldsymbol{h}}^{\mathrm{T}}(n)|}\right] \tag{7-17}$$

当 $n\to\infty$ 时，式(7-15)变为

$$E[\boldsymbol{z}(n+1)\boldsymbol{z}^{\mathrm{T}}(n+1)]=\boldsymbol{R}_z-\mu(\boldsymbol{R}_z\boldsymbol{R}+\boldsymbol{R}\boldsymbol{R}_z)+\mu^2\delta_v^2\boldsymbol{R}+\mu^2\{2\boldsymbol{R}\boldsymbol{R}_z\boldsymbol{R}+\boldsymbol{R}\operatorname{tr}[\boldsymbol{R}\boldsymbol{R}_z]\}+\lim_{n\to\infty}[Q(n)-P(n)] \tag{7-18}$$

对上式求迹，并简化，可得

$$\operatorname{tr}[\boldsymbol{R}\boldsymbol{R}_z]\{2-\mu\operatorname{tr}[\boldsymbol{R}(\boldsymbol{I}-\mu\boldsymbol{R})^{-1}]\}=\mu\delta_v^2\operatorname{tr}[\boldsymbol{R}(\boldsymbol{I}-\mu\boldsymbol{R})^{-1}]+\frac{1}{\mu}\lim_{n\to\infty}[Q(n)-P(n)](\boldsymbol{I}-\mu\boldsymbol{R})^{-1} \tag{7-19}$$

如前所述，对数和 LMS 算法的超均方误差为

$$P'_{\mathrm{ex}}(\infty)=\frac{\eta}{2-\eta}\delta_v^2+\frac{\rho_Sq}{\mu(2-\eta)}\left(\rho_S-\frac{2p}{q}\right) \tag{7-20}$$

其中，

$$p=E\left[\left\|\frac{\operatorname{sgn}(\hat{\boldsymbol{h}}(\infty))}{\varepsilon_S+|\hat{\boldsymbol{h}}(\infty)|}\right\|_1\right]-E\left[\left\|\frac{\operatorname{sgn}(\boldsymbol{h}(n))}{\varepsilon_S+|\hat{\boldsymbol{h}}(\infty)|}\right\|_1\right]$$

$$q=E\left[\frac{\operatorname{sgn}(\hat{\boldsymbol{h}}^{\mathrm{T}}(n))}{\varepsilon_S+|\hat{\boldsymbol{h}}^{\mathrm{T}}(n)|}(\boldsymbol{I}-\mu\boldsymbol{R})^{-1}\frac{\operatorname{sgn}(\hat{\boldsymbol{h}}(n))}{\varepsilon_S+|\hat{\boldsymbol{h}}(n)|}\right]$$

因为矩阵($\boldsymbol{I}-\mu\boldsymbol{R}$)是对称的。利用特征值分解的性质，可以发现 q 的取值空间为$q\in\left(0,\frac{L\rho_S^2}{\varepsilon_S^2(1-\mu\lambda_{\max})}\right)$。

该算法的超均方误差是在标准 LMS 算法的 EMSE 中增加一个加法项的形式，为了使算法的性能更好，式(7-20)最右边的项应该小于零，即 $p>0$，ρ_S在 0 与$\frac{2p}{q}$之间取值。

7.4 仿真与分析

本节通过点对点信道模型的实验仿真，比较了对数和 LMS 算法(Log-Sum LMS，LOS-LMS)与其他几种信道估计算法的性能。在第一个实验中，将信道冲激响应的长度设置为 $L=64$，分别测试了 64 个系数中含 4 个非零值和 6 个非零值的情况，非零系数的值服从均

值为零的高斯分布，且非零值在向量中的位置是随机的，信噪比分别设置为 20 dB 和 30 dB。

测试算法包括 ZA-LMS、RZA-LMS、加权 l_1-LMS、l_p-LMS 算法和 LMS 算法，l_p-LMS 算法的 p 值设置为 0.5，将加权 l_1-LMS、l_p-LMS 算法的调节参数设置为 $\rho_1=\rho_p=5\times10^{-4}$，$\varepsilon_p=\varepsilon_1=0.05$。ZA-LMS 和 RZA-LMS 算法中的参数设置为 $\rho_{ZA}=\rho_{RZA}=5\times10^{-4}$，$\varepsilon_{RZA}=10$。所有算法的步长都设置为 0.02。算法的均方误差曲线如图 7-1～图 7-3 所示。

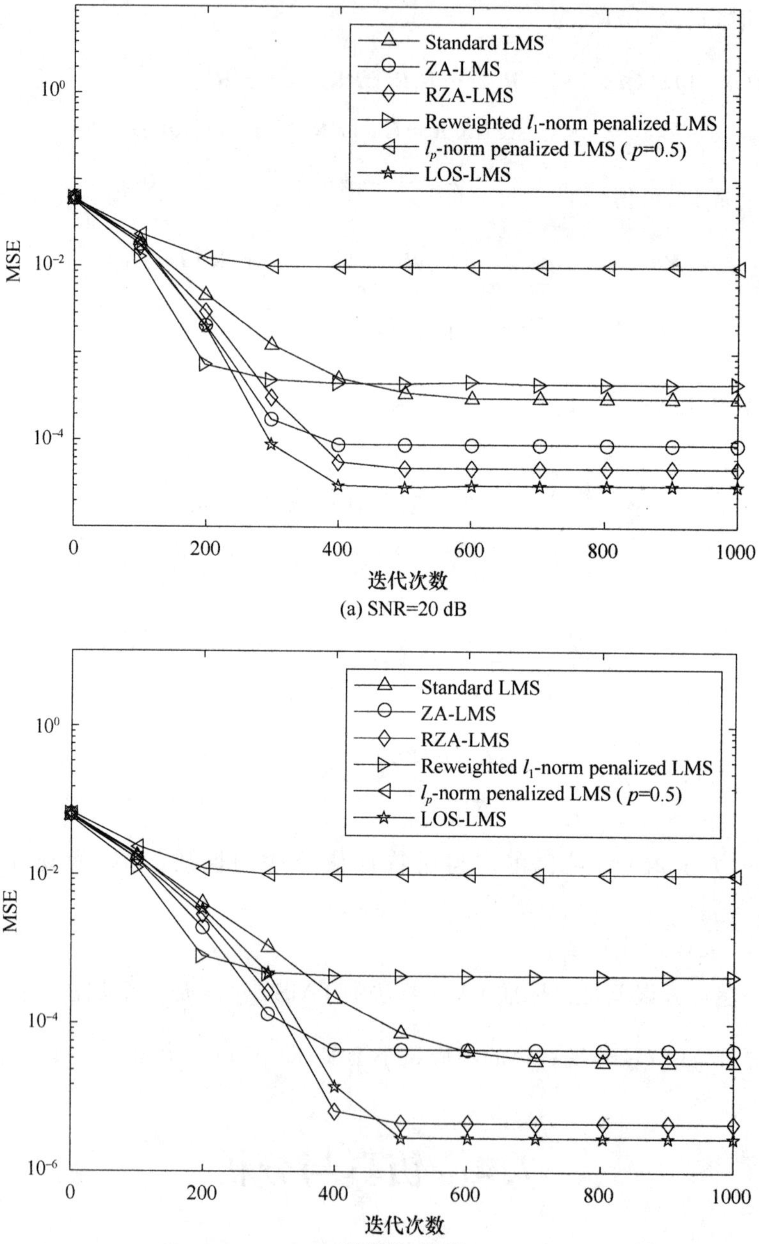

(a) SNR=20 dB

(b) SNR=30 dB

图 7-1　算法的 MSE 曲线(稀疏度为 4)

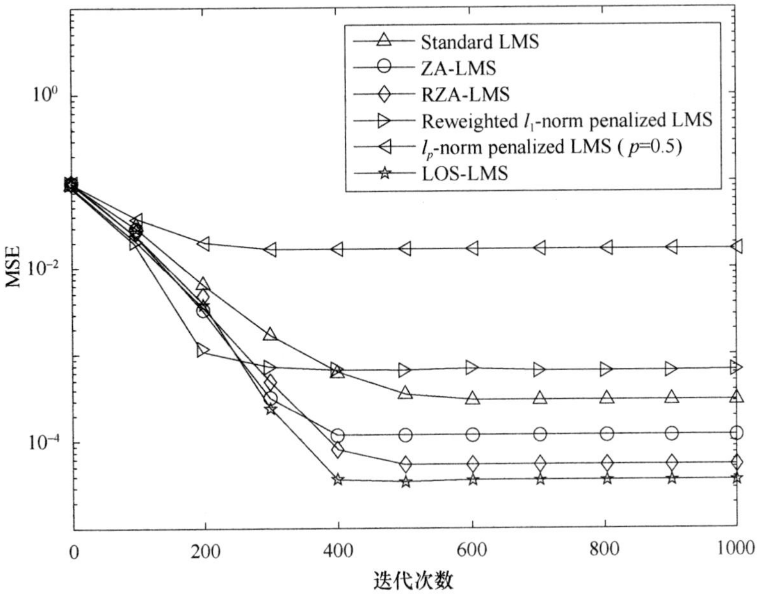

(a) SNR=20 dB

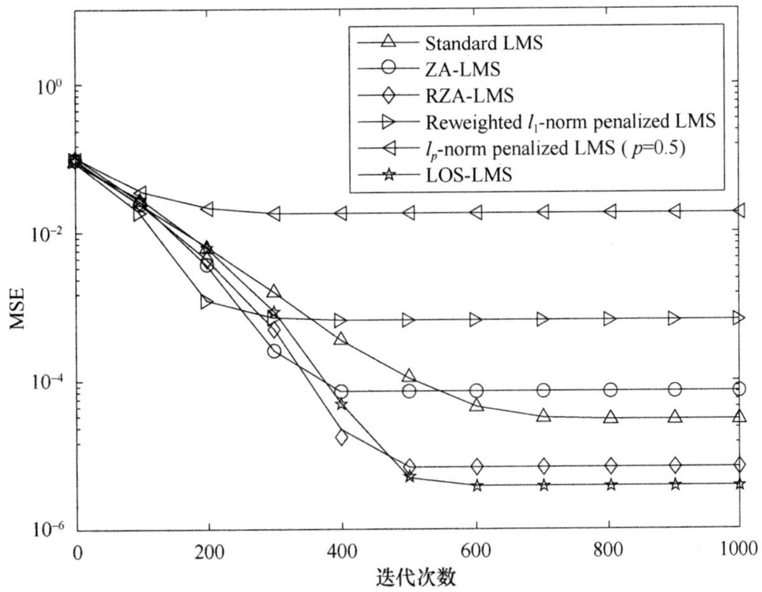

(b) SNR=30 dB

图 7-2　算法的 MSE 曲线(稀疏度为 6)

图 7-1(a)和(b)为系统稀疏度为 4 时的仿真结果,图 7-2(a)和(b)为系统稀疏度为 6 时的仿真结果。比较图 7-1 和图 7-2 发现,当非零系数个数增加时,算法的估计收敛性能将下降,在所有算法中,对数和约束的 LMS 算法性能普遍最优。

将信道冲激响应的长度设置为 $L=256$,稀疏度设置为 16,意味着系统冲激响应的系数包含有 16 个随机分布的非零抽头系数,抽头系数的值也服从均值为零、方差为 1 的高斯分布，仿真参数设置原则为使得所有算法达到最佳性能，$\rho_p = 5\times10^{-6}$，$\rho_1 = 5\times10^{-5}$，$\varepsilon_p = 0.05$，$\varepsilon_1 = 0.01$，$\rho_{ZA} = \rho_{RZA} = 1\times10^{-4}$和$\varepsilon_{RZA} = 10$，信道比为 30 dB。仿真结果如图 7-3 所示，观察曲线图，随着信道长度的增加，算法的稳态均方误差都有所改善，对数和 LMS 算法的收敛速度相比其他算法稍显不足，稳态收敛性能较其他算法较好。

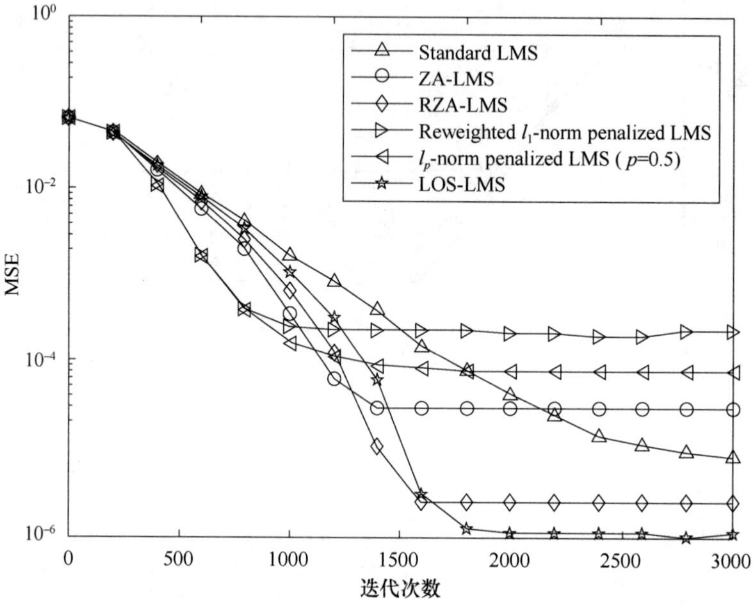

图 7-3　算法的 MSE 曲线(信道长度为 256，稀疏度为 16，SNR＝30 dB)

第 8 章　基于深度神经网络的 MIMO 软判决信号检测算法

8.1 引　　言

多输入多输出技术具有较好的空间分集和空分复用特性，使无线通信系统的频谱利用率和链路可靠性得到有效的提升，已成为无线通信系统的热点研究技术之一。然而，随着天线数量的增加，信号检测将具有更高的计算复杂度。因此研究高效率、低复杂度的接收机是 MIMO 中的一项关键性技术。

信号检测算法中，最大似然检测算法能够达到理论最优性能。但是随着天线数量的增加，此类全局搜索机制将使系统复杂性和计算复杂度大幅增长。为了降低复杂度，研究者们相继提出一些高次优的算法，基于网格点枚举和半径自适应的球面解码器（Sphere Decoding，SD）算法具有良好的性能，但是当调制阶数增加或维数很大时会使计算复杂度增加；迫零算法及最小均方误差算法因涉及高维矩阵求逆的复杂运算增加了实际实施难度；消息传递类算法如置信传播算法由于循环因子图的循环特性，在空间相关的衰落信道下检测性能有所下降。此外，因实际系统中信道状态的迅速变化，以上基于时不变信道的检测方法已然达不到准确的检测效果。随着深度学习理论的发展和有效应用，研究者们将其应用于无线通信领域，在时不变信道和随机变量已知的信道场景下，提出了深度神经网络的最大似然信号检测方法和非二进制数据检测方法，分别采用正交近似消息传递（Orthogonal Approximate Message Passing，OAMP）和置信传播迭代算法的底层图搭建神经网络，并通过训练学习得到改进。这类方法中深度学习的应用提高了迭代算法本身的性能，但是检测结果未与最优检测算法相比较，因此难以估计其实际的性能。

为适应时变通信系统，本章提出一种基于信道状态信息和接收信号联合训练的 MIMO 系统信号检测方法。将信道状态信息和接收信号训练集输入深度神经网络，计算输出值与目标值的交叉熵损失函数，采用 RMSProp 梯度下降法迭代更新获取权重和偏置进行优化，经过一段时间的训练，建立出理想的深度神经网络，训练时，神经网络最后一层的激活函数采用 Sigmoid 函数，并结合软判决技术以提高信号的检测性能。

本章将对基于 DNN 的 MIMO 软判决信号检测进行详细介绍。首先，对基于深度神经网络联合训练的 MIMO 系统进行简要介绍。然后,基于大量数据集对神经网络进行联合训练、优化和软检测等过程进行详细描述。最后,针对所提出的训练方法进行仿真和分析。

4G 移动通信中引入多输入多输出技术,其系统的发送端和接收端都具备两根或两根以上的天线。这些天线之间构成了两端之间的多信道天线系统。该技术充分利用天线之间的空间资源,有效地提升了频谱资源利用率,从而达到通信系统容量提升的效果。5G 移动通信中引入了大规模 MIMO 技术,即在传统 MIMO 基础上进一步增加发送端与接收端之间的天线个数,此类系统具有更好的空间分集和空分复用特性,且具有更好的自由度,使无线通信系统的频谱资源利用率和通信链路的可靠性得到进一步的提升。

本章内容主要分为两大部分:第一,首先对 MIMO 系统模型进行介绍,然后根据 MIMO 系统分别对信号检测、信道反馈技术的原理进行介绍;第二,对深度学习的理论、经典网络框架以及网络的优化方法进行介绍。

8.2 MIMO 信号检测的原理

MIMO 无线通信系统中,在发送端,首先将信源信息进行调制得到数据流,获取的数据流通过串并转换操作之后,再经过预编码技术将数据流 $\boldsymbol{x}=[x_1,x_2,x_3,\cdots,x_M]^{\mathrm{T}}$ 映射到发射天线上,并通过无线传输信道发送出去。在接收端,每条接收天线接收到发送端每根发送天线发送的数据信号 $\boldsymbol{y}=[y_1,y_2,y_3,\cdots,y_N]^{\mathrm{T}}$。因此,需要在接收端设置信号检测模块将原始数据信号恢复出来。当前主要存在线性检测和非线性检测两种类型的信号检测方法。这些检测方法的目的都是获取发送端发送的信号信息。信号检测中,一般通过误比特率(BER)来衡量信号恢复的准确性,可表示为

$$\mathrm{BER}=\left(\frac{\mathrm{num}(\boldsymbol{x},\hat{\boldsymbol{x}})}{M}\right)$$

其中,$\mathrm{num}(\boldsymbol{x},\hat{\boldsymbol{x}})$表示原始信号矢量 $\boldsymbol{x}$ 和检测矢量 $\hat{\boldsymbol{x}}$ 中对应位置元素不相等的个数。其他条件不变的情况下,误比特率越小,则信号检测的性能越好。信号检测的计算复杂度是由算法运行时间来衡量的。其他条件不变的情况下,检测算法的复杂度越高,算法的运行时间越长。其检测算法评价的标准系数可表示为

$$\chi=\frac{1}{\mathrm{BER}\cdot T}$$

其中,T 为算法运行的时间,χ 越大,则算法的性能越好。因此,一种优秀的检测算法需要在检测准确度和算法的复杂度之间取得平衡。

8.3　系统模型

在 MIMO 系统中，假设发送端配置 N 条天线，接收端配置 M 条天线。原始比特数据流发送信息表示为 $\boldsymbol{B}=[a_0, a_1, \cdots, a_{N\times M_{\mathrm{mod}}-1}]^{\mathrm{T}}$，经过系统的编码和调制处理之后得到发送端需要发送信息的符号向量，可表示为 $\boldsymbol{S}_d=[s_0, s_1, \cdots s_{N-1}]^{\mathrm{T}}$，其中 $s_{N-1}\in\theta=(\pi_1, \pi_2, \cdots \pi_{2^{M_{\mathrm{mod}}}})$ 表示第 $N-1$ 个发送天线所发送的调制符号，θ 代表调制符号集，$2^{M_{\mathrm{mod}}}$ 代表调制阶数。在 MIMO 系统中，无线传输信道将信号传输之后，接收端所接收信号的公式可表达为

$$\boldsymbol{R}_{\mathrm{d}}=\boldsymbol{H}\boldsymbol{S}_{\mathrm{d}}+\boldsymbol{N}_{\mathrm{o}} \tag{8-1}$$

其中，$\boldsymbol{N}_{\mathrm{o}}=[n_0, n_1, \cdots, n_{M-1}]^{\mathrm{T}}$ 高斯白噪声向量，其均值是 0、协方差值是 $\sigma^2\boldsymbol{I}_M$。$\boldsymbol{H}\in C^{M\times N}$ 为 N 根发送天线至 M 根接收天线之间的信道矩阵，可表示为

$$\boldsymbol{H}=\begin{pmatrix} h_{0,0} & h_{0,1} & \cdots & h_{0,N-1} \\ h_{1,0} & h_{1,1} & \cdots & h_{1,N-1} \\ \vdots & \vdots & & \vdots \\ h_{M-1} & h_{M-1,1} & \cdots & h_{M-1,N-1} \end{pmatrix} \tag{8-2}$$

其中，$h_{i,j}(0\leqslant i\leqslant M-1, 0\leqslant j\leqslant N-1)$ 为第 i 根接收天线与第 j 根发送天线的信道系数。

MIMO 信号检测的任务是根据接收信号 $\boldsymbol{R}_{\mathrm{d}}$，恢复出原始的信息比特 $\boldsymbol{B}$。本章提出基于深度神经网络的信号检测方案，采用深度神经网络检测出原始的比特信息。其中，该深度神经网络是基于大量的数据集，以神经网络的输出值为估计值，以原始的信息比特值 $\boldsymbol{B}$ 为目标值，通过梯度下降算法，对网络框架进行迭代计算，从而训练出优化的神经网络，基于深度神经网络的信道信息与数据集联合学习训练结构如图 8-1 所示。

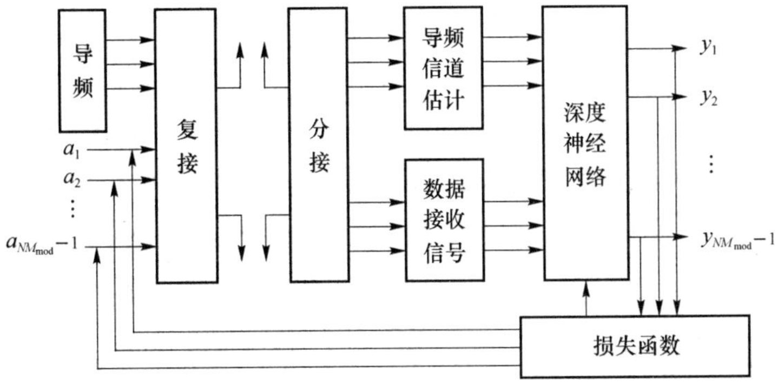

图 8-1　基于深度神经网络的 MIMO 系统联合训练结构图

在通信系统的发送端，复接单元将导频向量和待发送的数据 $\boldsymbol{S}_{\mathrm{d}}$ 进行复接，经发送天线发送至无线信道。在移动用户端，多个接收天线接收获得发送端发送的信号，经分接单元

将接收的导频信号和数据信号分开，分别通过数据接收信号模块得到 $\boldsymbol{R}_{\mathrm{d}}$，导频信道估计完全准确下可获得信道状态信息，可表示为 $\overline{\boldsymbol{H}}=\boldsymbol{H}$。最后，将获取的信道状态信息和接收信号同时输入深度神经网络，神经网络的输出端即可输出原始的比特信息。下一节将针对系统中所采用的深度神经网络进行描述。

8.4 深度神经网络与 Dropout 层

在本章中，采用传统的深度神经网络进行信号检测，并利用 Dropout 层缓解神经网络过拟合问题，如图 8-2 所示，神经网络的每一层都包含一个或几个神经元。

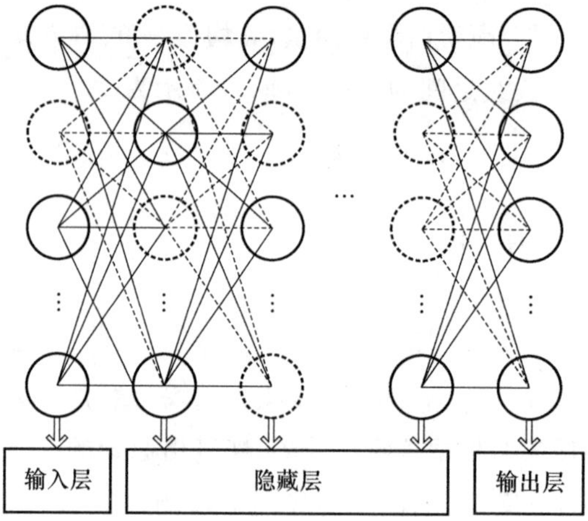

图 8-2　深度神经网络模型

每个神经元的值是由输入层或前一个隐藏层所有神经元所决定的。本章中，深度神经网络的输入层中神经元数目由发送天线和接收天线个数所决定，同时将神经网络的输入信号从复数域转化为实数域进行训练，即神经元个数为 $2M+2NM$，神经网络输入信号可表示为 $\boldsymbol{S}_{\mathrm{I}}=[\Re(\boldsymbol{H}),\Re(\boldsymbol{R}_{\mathrm{d}}),\Im(\boldsymbol{H}),\Im(\boldsymbol{R}_{\mathrm{d}})]^{\mathrm{T}}$，其中 $\Re(*)$ 和 $\Im(*)$ 分别表示实部和虚部；隐藏层的层数和神经元个数可以根据性能的要求适当调整；深度神经网络输出层的神经元个数由调制方式和发送天线个数决定，即 NM_{mod}，神经网络输出值为 $[y_0,y_1,\cdots,y_{N\times M_{\mathrm{mod}}-1}]^{\mathrm{T}}$。图 8-2 中虚线部分为临时随机删除的神经元，即 Dropout 层。为了防止过拟合，Dropout 层可以通过减弱部分神经元之间的相互作用，来提高神经网络信号检测的恢复性能。神经元将这 n 个输入值加权求和再添加一个偏移量，最后经过一个非线性激活函数 $\hat{y}=f(\cdot)$，可表示为

$$\hat{y}=f\left(\sum_{i=1}^{n}w_i x_i+b\right) \tag{8-3}$$

其中：$\hat{y}$ 代表神经元输出值；x_i 代表前一层中第 i 个神经元输出值。这里为了简化计算，激

活函数为 Relu 函数，如图 8-3 所示。

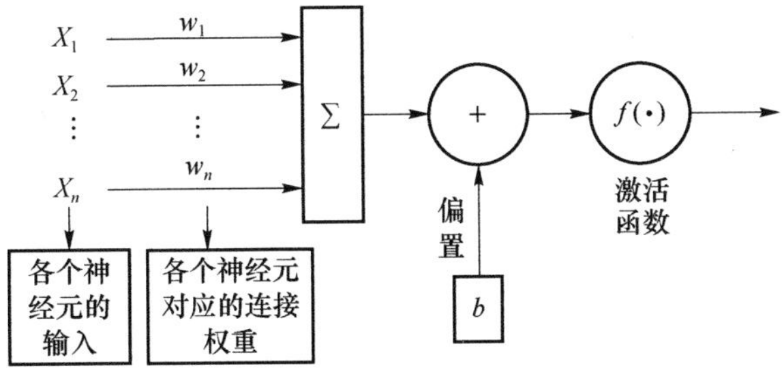

图 8-3　神经元

8.5　基于深度神经网络联合训练的 MIMO 信号检测

本节提出一种基于信道状态信息与接收信号联合训练的 MIMO 信号检测算法。该算法中利用深度神经网络作为信号检测模块，用 Dropout 层解决过拟合现象，并采用信道状态信息和接收信号作为训练集对网络进行优化，从而有效应用于信号检测问题。该 MIMO 信号检测算法主要分为两步：线下训练阶段和线上检测阶段。

1. 线下训练阶段

大量的接收信号和信道状态信息作为训练数据集，其中一部分作为训练集，另一部分作为验证集，小批量随机输入神经网络，并赋予相应的发送和接收天线个数 N、M 以及调制方式 M_{mod}，以发送端的比特信息为 $[a_0, a_1, \cdots, a_{N\times M_{\text{mod}}-1}]^{\text{T}}$ 为目标恢复值，$[y_0, y_1, \cdots, y_{N\times M_{\text{mod}}-1}]^{\text{T}}$ 为估计值，以交叉熵函数为损失函数计算目标值与估计值之间的误差，并采用 RMSProp 梯度下降算法以循环迭代的方式降低误差，从而对神经网络中的训练参数进行更新，最终获取优化的深度神经网络，其中交叉熵损失函数可表示为

$$L_{\text{o}} = \min\left(\sum_{i=0}^{N\times M_{\text{mod}}-1} - a_i \log(y_i)\right) \tag{8-4}$$

本节将针对偏置的优化过程进行详细描述。训练过程中，训练参数的具体更新过程如表 8-1 所示。

对神经网络的权重进行随机初始化，并将信道状态信息和接收信号随机选取小批量输入神经网络，其中批量大小为 L，由步骤一计算模块计算出输出值和目标值的损失函数，步骤二至步骤四利用梯度下降及 RMSProp 算法进行微分平方加权平均，更新权重使下一次的网络运行损失函数更小。同时，采用验证集调整超参数，监控神经网络拟合状况进行决策是否停止训练，偏置 b 的优化方法与权重 w 相同。通过迭代训练，可以得到最为合理的权值和偏移量。经过训练优化的神经网络即可嵌入接收端用来进行线上信号检测。

表 8-1　算法描述

超参数初始化：学习率 $\alpha=0.0001$，常数 $\varepsilon=1\mathrm{e}^{-10}$，衰减速率 $\beta=0.9$，批量大小 batch_size$=L$

参数初始化：权重 $\boldsymbol{w}^0$、$\boldsymbol{w}$ 累计平方梯度 $\boldsymbol{S}_{dw}^0=0$

While 未达到停止准则，do

随机选取训练集中 L 个样本数据集 $\bar{s}_I=\{\boldsymbol{s}_I^{(1)},\boldsymbol{s}_I^{(2)},\cdots,\boldsymbol{s}_I^{(L)}\}$，训练目标值 $\boldsymbol{B}$；

步骤一：计算损失函数

$$L=\sum_{i=0}^{N\times M_{\mathrm{mod}}}-a_i\log y_i$$

步骤二：计算梯度

$$g_{dw}^t=\frac{1}{L}\nabla_w\sum_{i=1}^{L}L^{(i)}$$

步骤三：计算累计平方梯度 $\boldsymbol{S}_{dw}^t=\beta\boldsymbol{S}_{dw}^{t-1}+(1-\beta)\boldsymbol{g}_{dw}^t\odot\boldsymbol{g}_{dw}^t$

步骤四：参数更新

$$\boldsymbol{w}^t=\boldsymbol{w}^{t-1}-\frac{\alpha}{\sqrt{\boldsymbol{S}_{dw}^t}+\varepsilon}\odot\boldsymbol{g}_{dw}^t$$

2. 线上检测阶段

接收端接收到的信号和信道状态信息直接输入优化的神经网络，神经网络即可恢复出原始的比特信息。该方法通过优化的神经网络直接恢复出比特信息，避免了传统算法中大量的迭代过程，从而降低了信号检测的计算复杂度。然而这种方法只考虑了硬判决信号检测，未考虑软判决信号检测，这无疑会降低信号检测的准确度，因此，在下一节，将对基于深度学习的 MIMO 软判决信号检测方案进行详细介绍。

8.6　基于深度神经网络联合训练的 MIMO 软判决信号检测

根据上一节所描述的，系统进行信号检测时，接收端天线接收到的信号经过分接单元后，分别通过信道估计模块和数据接收信号模块得到实时的信道状态信息以及数据信号，将其输入优化的神经网络进行计算，可直接获取发送端发送的信息符号。基于深度学习的 MIMO 检测，避免了高维矩阵求逆和循环迭代的过程，从而降低了复杂度，将信道状态信息输入神经网络，可以适应时变信道。然而，系统通常采用信道编码来提高误码性能，信道译码时，需要信号检测提供每个发送比特的软判决结果。神经网络采用硬判决技术直接输出数据信息，会使误码性能下降。因此，本节提出一种基于深度神经网络的 MIMO 软判决信号检测方案。

为了实现神经网络的软判决输出，训练时，神经网络的任意一个隐藏层的激活函数都用 Relu 函数，而输出层用 Sigmoid 函数作为激活函数。优化后的神经网络用于进行 MIMO 信号检测时，将 Sigmoid 激活函数丢弃，Sigmoid 函数输入值的相反数可直接作为软输出 LLR，避免了计算 LLR 值的过程，同时达到了软判决输出的效果，最终提高检测性能。该方法实现软判决输出的证明如下。

基于交叉熵最小的方法，训练出具有优化权重和偏置的深度神经网络，检测时将 Sigmoid 函数作为输出层的激活函数，第 i 个比特的检测结果$\overline{a}_i$可表示为

$$\overline{a}_i=\frac{1}{1+\mathrm{e}^{-y_i}},\ i=0,1,\cdots,N\times M_{\mathrm{mod}}-1 \tag{8-5}$$

其中，y_i 为 Sigmoid 激活函数的输入值。由式(8-5)可知，Sigmoid 激活函数输出 $0<\overline{a}_i<1$，该值在神经网络中可以等效为一个概率。对于检测问题，可认为是$\overline{a}_i=p(y_i=1)$的值。因此，采用软判决技术，似然比 LLR 为

$$\mathrm{LLR}=\ln\frac{\overline{a}_i}{1-\overline{a}_i} \tag{8-6}$$

由式(8-5)进一步可知，LLR 可以等效为

$$\mathrm{LLR}=\ln\frac{\dfrac{1}{1+\mathrm{e}^{-y_i}}}{1-\dfrac{1}{1+\mathrm{e}^{-y_i}}}=-y_i \tag{8-7}$$

由式(8-7)可知，神经网络输出层各个神经元的软判决 LLR 值为实际输出值 y_i 的相反数。该方法避免了传统计算似然比 LLR 值的复杂度问题。此外，实验结果显示，神经网络的性能也有所提升。

8.7 仿真与分析

本节利用 Tensorflow 环境，对基于深度神经网络的 MIMO 软判决检测方法进行验证，将从神经网络复杂度、检测性能、软判决性能三个方面对算法的性能进行仿真分析。

在神经网络中，隐藏层的个数以及每一层的节点数都将影响神经网络信号检测运算的计算复杂度，神经元节点数越小，复杂度就越低，但检测性能会降低。本算法采用三层隐藏层，对信号检测的误码率进行实验分析，数据集为 2 000 000 个（训练集＝1 600 000，验证集＝400 000），$M=N=2$，BPSK 调制，神经网络第一层节点数设置为 12，第二层设置为 16，第三层设置为 20，信噪比 $0\leqslant \mathrm{SNR}\leqslant 20$ dB。为了对比所提算法的性能，同时对 ML、MMSE、ZF 算法进行仿真对比。如图 8-4 所示，横坐标代表信噪比，纵坐标代表误比特率，结果显示随着神经网络神经元节点数的增多，MIMO 检测性能越来越好。当节点数多到一定程度时，达到了理论上的最优结果，性能趋于稳定。由算法的性能曲线可知，神经网络的

检测性能与神经网络每层节点相关，且最优的深度神经网络 MIMO 信号检测相对于 ML、MMSE、ZF 算法，检测性能有了显著的提升。

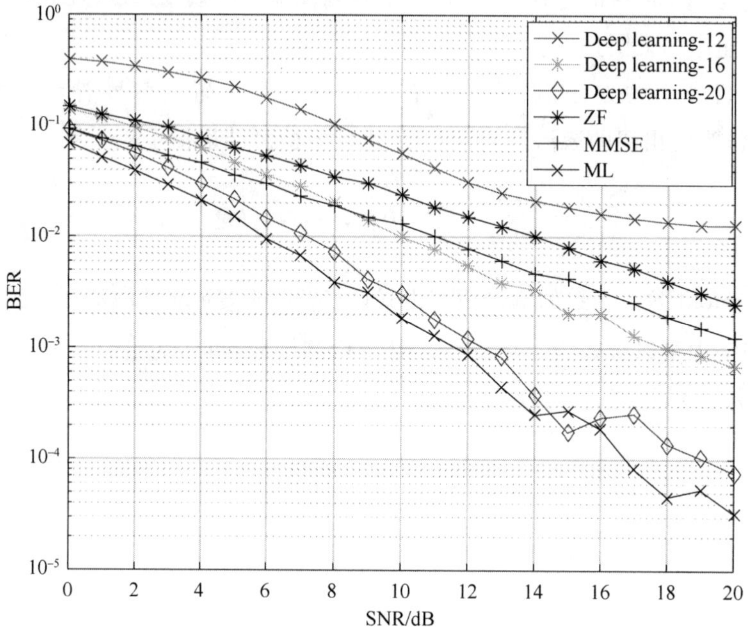

图 8-4　不同复杂度的神经网络算法性能比较

为进一步验证所提方法的检测性能，在 BPSK 调制方式下，数据集为 2 000 000 个(训练集＝1 600 000，验证集＝400 000)，三层隐藏层神经元节点数均为 20，$M=N=2$，对所提算法与 ML、MMSE、ZF 算法进行仿真对比，结果如图 8-5 所示。横坐标为信噪比，纵坐标为误比特率，通过比较可知，神经网络的检测性能在一定信噪比范围内，可以逼近最优的 ML 检测算法的性能，此外与 ZF 和 MMSE 两种经典的算法相比，具有更优越的性能。在 QPSK 调制方式下，数据集为 4 000 000 个(训练集＝3 200 000，验证集＝800 000)，三层隐藏层神经元节点数为 80，$M=N=2$，如图 8-6 所示，所提算法同样可以表现出良好的性能。

为了验证软判决方案的性能，首先对神经网络的硬判决进行实验分析。系统采用 LDPC 信道编码、QPSK 调制方式，利用 VIVO_5G 研发的验证平台，分别在信道编码率 coderate 为 0.1 和 0.8 的环境下进行分析，如图 8-7 和图 8-8 所示，横坐标为信噪比，纵坐标为误块率。由实验结果可知，在高码率下，基于深度神经网络的硬判决输出经信道译码后的性能优于 MMSE 算法，但在低码率情况下，性能低于 MMSE 算法。

采用交叉熵最小准则进行神经网络软判决输出性能验证。系统采用 LDPC 信道编码和 QPSK 调制方式，分别在信道编码率 coderate 为 0.1 和 0.8 的环境下进行 MIMO 检测软判决输出性能实验，如图 8-9 和图 8-10 所示，横坐标为信噪比，纵坐标为误块率。实验结果显示，本节所提出的软判决技术经信道译码后，误码性能优于 MMSE 算法且逼近 ML 算法。在低码率时，虽不如 MMSE 算法的性能好，但与图 8-8 相比性能有所改善。

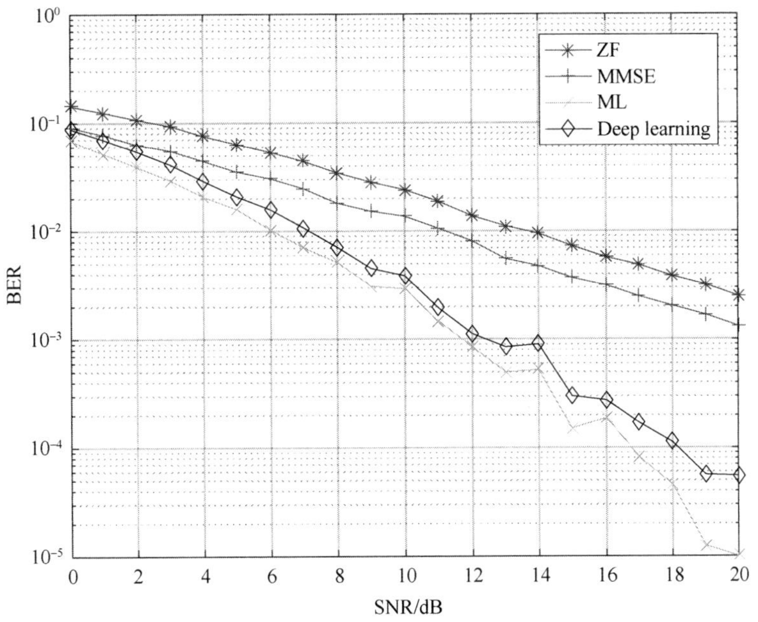

图 8-5 基于 BPSK 的四种方法的信号检测

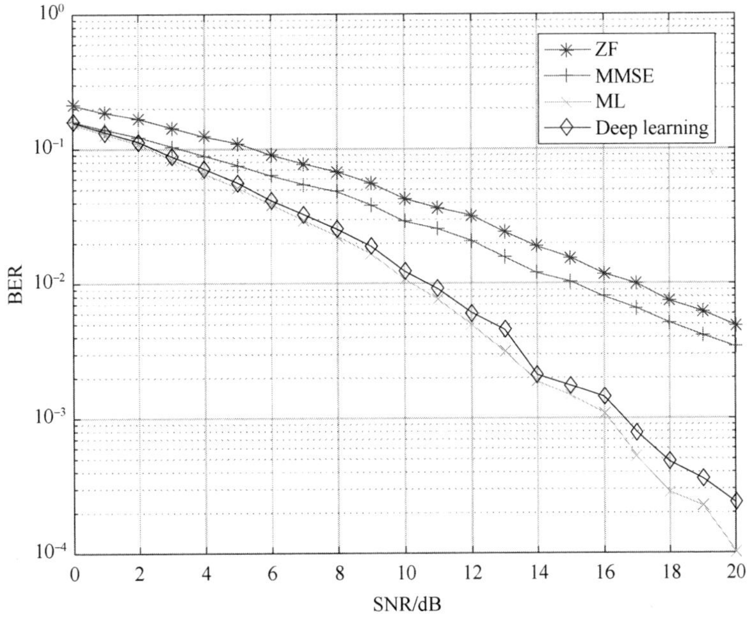

图 8-6 基于 QPSK 的四种方法的信号检测

上述结果表明，所提方法将深度学习用于 MIMO 检测，在检测性能良好的前提下，降低了计算复杂度。将信道状态信息和接收信号同时作为训练集，优化得到的神经网络具有适应时变信道的特性。将 Sigmoid 函数用于输出层激活函数，结合软判决技术，提高检测性能的同时，避免了求解 LLR 值的复杂问题。

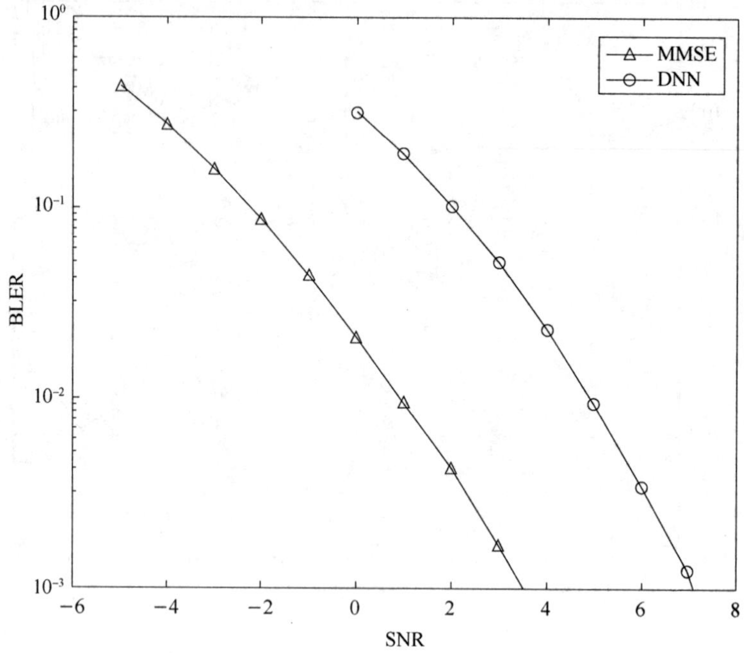

图 8-7　coderate＝0.1 时的硬检测性能

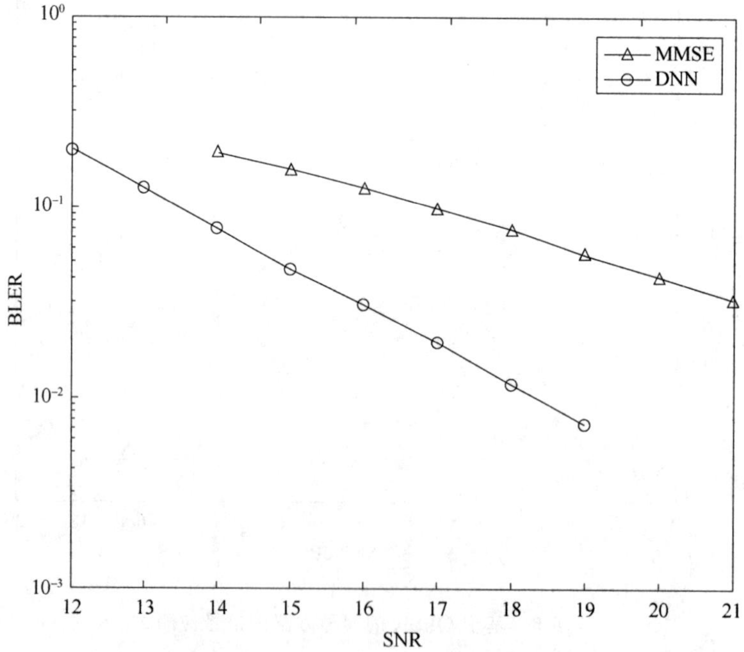

图 8-8　coderate＝0.8 时的硬检测性能

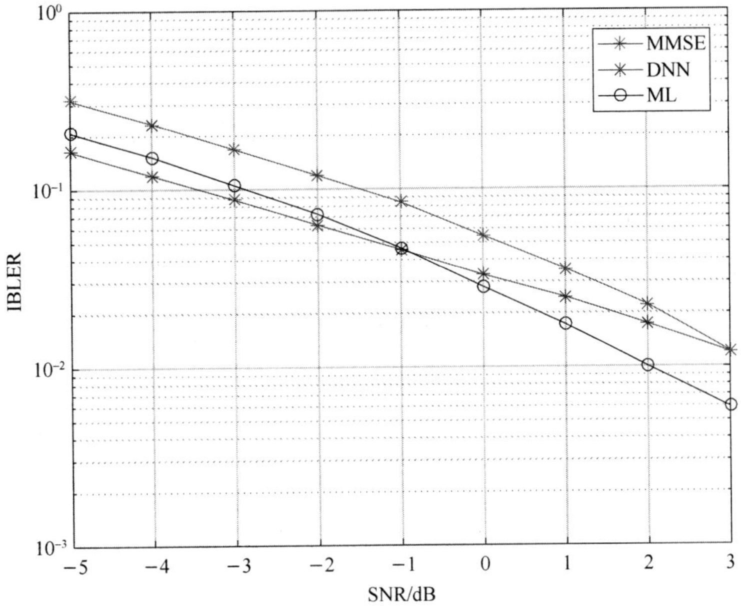

图 8-9 coderate=0.1 时的软检测性能

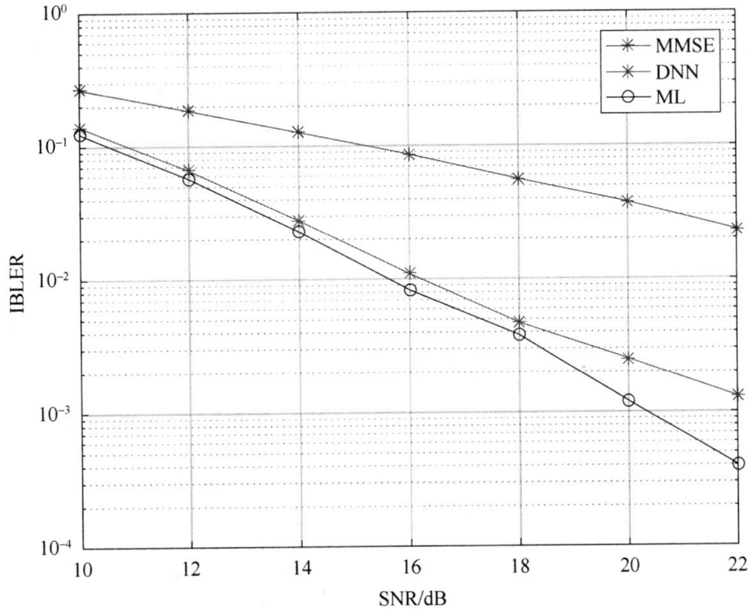

图 8-10 coderate=0.8 时的软检测性能

8.8 计算复杂度分析

一种良好的信号检测方法需要在计算复杂度和信号检测准确度之间权衡。信号检测的运行时间是信号检测计算复杂度的一种常见的衡量标准。为验证本章提出方法的计算复杂度，当神经网络检测性能接近 ML 时，针对 1 000 帧的数据传输情况，进行检测执行复杂度的分析，结果如表 8-2 所示。

表 8-2 四种检测方法的复杂度对比

算法	执行时间(秒/1 000 帧)	
	QPSK	BPSK
ZF	11.495 9	8.065 1
MMSE	11.773 2	9.019 1
ML	7.048 0	3.338 2
Deep Learning	8.182 7	3.080 7

BPSK、QPSK 调制方式中，对 ZF、MMSE、ML 以及本节所提出的 Deep Learning 四种检测方法复杂度的比较显示，基于深度神经网络的 MIMO 检测在准确度逼近 ML 算法的同时，执行时间低于 MMSE、ZF 两种常用算法。因此，本章提出的基于深度神经网络的 MIMO 软判决信号检测方法与传统的 ZF、MMSE 相比，具有更高的检测性能和更低的计算复杂度。

8.9 本章小结

本章针对时变通信系统，提出了一种基于深度神经网络的 MIMO 软判决信号检测方法。训练时，将信道状态信息和接收数据信息作为训练集，以均方误差函数为目标函数(损失函数)，RMSprop 算法为训练优化采用的梯度下降算法，输出层的函数为 Sigmoid 函数，对深度神经网络进行训练优化。检测时，删除 Sigmoid 函数，将神经网络输出值的相反数直接作为软判决 LLR 值，降低了 LLR 的计算复杂度，同时提高了系统的性能。信道状态信息作为训练集使优化的神经网络具有适应时变系统的特点。仿真结果表明，基于深度神经网络的 MIMO 软检测降低检测复杂度的同时，有效地提升了信号检测结果的准确度。

第9章 基于长短时-注意力机制的大规模MIMO信道反馈

9.1 引　　言

近年来，大规模MIMO被认为是5G无线网络的关键技术之一。通过在基站(Base Station，BS)上安装数十个或数百个天线，可以获得更高的频谱效率和能量效率。大规模MIMO技术潜在性能的实现取决于是否具有准确的信道状态信息。在FDD-MIMO系统中，下行CSI首先通过下行导频在用户设备(User Equipment，UE)处获得，然后通过上行反馈链路返回到BS。然而，随着大量天线阵在基站的应用，上行信道反馈开销急剧增加。因此，在实际的大规模MIMO系统中，如何降低反馈开销是一个非常重要的问题。

研究者们提出了一些减少反馈开销的信道反馈算法。传统的矢量量化或基于码本的方法可以有效地减少反馈开销，然而，随着天线数量的增加，反馈量急剧增加，导致反馈效率显著降低。基于压缩感知(Compressive Sensing，CS)理论，在发射端估计中提出了一种分布式压缩信道状态信息(Channel State Information at Transmitter，CSIT)估计方案，以减少CSIT估计中的训练和反馈开销。其他一些研究，包括最小绝对收缩和选择算子(Least Absolute Shrinkage and Selection Operator，LASSO) l_1-solver和近似消息传递(Approximate Message Passing，AMP)等算法也被用于恢复压缩CSI。此类解是基于稀疏信息先验已知的，由于实际信道近似稀疏，信道的先验稀疏信息很难获得。为了给信号重建提供更准确的先验，研究者们提出了全变差增广拉格朗日(Total Variation Augmented Lagrangian，TVAL)交替方向算法、块匹配及三维滤波放大器(Block-Matching and 3D Filtering-AMP，BM3D-AMP)算法，通过加入手工制作的先验，在一定程度上提高了信道重建的质量。

随着机器学习在各种应用中的推进，深度学习理论在无线通信中得到了成功的应用，特别是在信道反馈中。研究者提供了一个称为CsiNet的自动编码器-解码器，在该算法中，编码器对特征向量进行压缩，解码器对信息进行解压并恢复CSI。然而，时变信道的时间相关特性并没有得到充分的探索，信道恢复的性能有待进一步提高。有研究成果采用了线性全连通网络(Fully-Connected Network，FCN)作为压缩和解压缩模块，但是没有充分利用信道特征信息，从而降低了信道重构的准确性。与以往的工作不同，本章所提算法着重于增强特征信息在压缩和解压缩模块上的表示能力，旨在提高信道反馈的准确性。

本章针对 FDD 大规模 MIMO 系统，提出了一种新的 CSI 反馈和恢复机制，即长短时-注意力机制 CsiNet 网络(LSTM-Attention CsiNet)。该机制的压缩和解压缩模块分别采用 LSTM-Attention 来提高信道恢复性能，利用 LSTM 的记忆特性学习信道的时间相关性，并引入注意力机制对特征信息进行自动优先级排序和加权，将更多的注意力分配到重要的特征信息上。此外，通过调整 LSTM-Attention 和 FCN 之间的连接方式，提出了一种轻量级的 LSTM-Attention CsiNet。该轻量级网络采用 FCN 将特征信息压缩到一个较低维的向量，然后输入 LSTM-Attention 模块，该方案有效地减少了 LSTM-Attention 的训练参数个数，如权值和偏差等训练参数，加快了信道的恢复速度。

本章首先介绍基于自动编码器的大规模 MIMO 系统的信道反馈结构图；然后详细介绍自动编码器的结构与性能，在此基础上，提出了一种轻量级自动编码器；最后对两种自动编码器进行算法仿真和性能分析。

9.2 信道状态信息反馈原理

假定在大规模 MIMO 系统的块衰落无线信道场景中，其信道参数在一个数据块内保持不变，且在数据块之间保持独立变化。该 MIMO 系统中，基站具备 N_t 条天线，这些天线是均匀的线性阵列，每个用户配置一根天线，共 K 个用户。本节假设 K 个单天线用户以均匀分布的方式分布在每个小区。发送端与用户端之间的信道为瑞利平坦块衰落信道。大规模 MIMO 系统多用户信道反馈结构如图 9-1 所示。

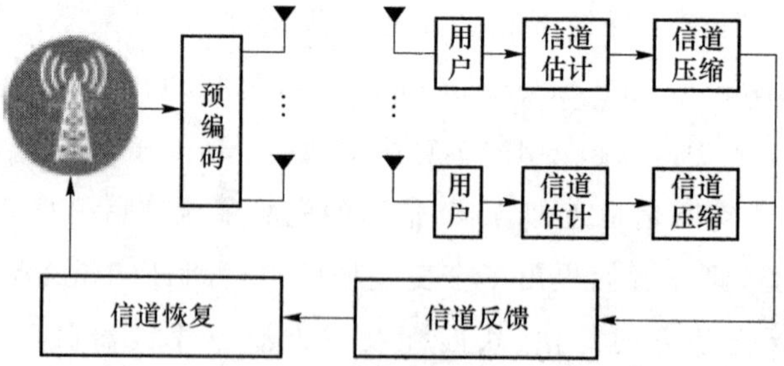

图 9-1　FDD-MIMO 信道状态信息反馈系统

假设基站端向用户发送的信号为 $\boldsymbol{s}=[\boldsymbol{s}_1,\boldsymbol{s}_2,\cdots,\boldsymbol{s}_K]$，其中 $\boldsymbol{s}_k\in R^{N_t\times 1}$ 为向用户 k 发送的信号矢量，则基站端发送的信号矢量为

$$\boldsymbol{x}=\sum_{j=1}^{K}\boldsymbol{w}_j\boldsymbol{s}_j \tag{9-1}$$

其中，$\boldsymbol{w}_j\in R^N$ 表示波束成形矢量，则用户 k 收到的信号可表示为

$$\begin{aligned} y_k &= \sqrt{p_k}\boldsymbol{h}_k^{\mathrm{H}}\boldsymbol{x} + n_k \\ &= \sqrt{p_k}\boldsymbol{h}_k^{\mathrm{H}}\boldsymbol{w}_k\boldsymbol{s}_k + \sum_{j\neq k}\sqrt{p_j}\boldsymbol{h}_k^{\mathrm{H}}\boldsymbol{w}_k\boldsymbol{s}_k + n_k \end{aligned} \tag{9-2}$$

其中：$\boldsymbol{h}_k \in R^{N_t\times 1}$ 为发送端与用户 k 之间的信道系数；n_k 代表高斯白噪声；p_k 代表基站发送至用户 k 的发射功率。一般情况下，当基站端获取到准确的信道状态信息之后，采用预编码技术将信号进行波束成形，如迫零波束成形技术，对用户间的干扰进行抑制。迫零波束成形技术一般适用于用户数量远远小于发送天线数量的情况。

经过信道反馈，假设基站恢复得到的信道矩阵表示为 $\boldsymbol{H}=[\boldsymbol{h}_1,\boldsymbol{h}_2,\cdots,\boldsymbol{h}_K]^{\mathrm{H}}$，$\boldsymbol{h}_i$ 代表下行无线链路信道矩阵，迫零波束成形矩阵表示为

$$\boldsymbol{W}=[\boldsymbol{w}_1,\boldsymbol{w}_2,\cdots,\boldsymbol{w}_K]=(\boldsymbol{H}^{\mathrm{H}}\boldsymbol{H})^{-1}\boldsymbol{H}^{\mathrm{H}} \tag{9-3}$$

其中，$\boldsymbol{w}_k$ 为第 k 个用户的迫零波束成形矩阵向量。当 $\boldsymbol{w}_k=0$ 时，$\boldsymbol{h}_j^{\mathrm{H}}\boldsymbol{w}_k=0$，即抑制用户间的干扰。此时，接收信号可表示为

$$y_k=\sqrt{p_k}\boldsymbol{h}_k^{\mathrm{H}}\boldsymbol{w}_k\boldsymbol{s}_k+n_k \tag{9-4}$$

在实际的FDD-MIMO通信系统中，基站端获取的下行无线链路信道状态信息是通过用户端进行上行无线链路返回获取得到的。具体的信道反馈过程为：基站向用户发送导频信息，用户获取导频信息后输入信道估计模块，继而计算出下行链路信息，该链路信息由上行链路将其返回至基站，基站端利用相关技术恢复出信道状态信息。经过一系列处理过程后，基站端所得到的信道状态信息与实际值具有一定的误差。因此，实际通信系统中，基站所获取的信道状态信息矩阵可表示为

$$\hat{\boldsymbol{H}}=[\hat{\boldsymbol{h}}_1,\hat{\boldsymbol{h}}_2,\cdots,\hat{\boldsymbol{h}}_K]^{\mathrm{H}} \tag{9-5}$$

所对应的迫零波束成形向量为

$$\boldsymbol{W}=[\hat{\boldsymbol{w}}_1,\hat{\boldsymbol{w}}_2,\cdots,\hat{\boldsymbol{w}}_K]=(\hat{\boldsymbol{H}}^{\mathrm{H}}\hat{\boldsymbol{H}})^{-1}\hat{\boldsymbol{H}}^{\mathrm{H}} \tag{9-6}$$

由于反馈过程中一系列的误差，消除干扰技术无法保证完全消除用户间的干扰，且当 $\boldsymbol{w}_k\neq 0$ 时，$\boldsymbol{h}_k^{\mathrm{H}}\boldsymbol{w}_k\neq 0$，用户 k 的信噪比可表示为

$$\mathrm{SINR}_k=\frac{p_k\,|\boldsymbol{h}_k^{\mathrm{H}}\hat{\boldsymbol{w}}_k|^2}{1+\sum_{j\neq k}p_j\,|\boldsymbol{h}_k^{\mathrm{H}}\hat{\boldsymbol{w}}_j|^2},k=1,2,\cdots,K \tag{9-7}$$

用户 k 的最大传输速率为

$$R_k=\log_2(1+\mathrm{SINR}_k),k=1,2,\cdots,K \tag{9-8}$$

系统的和速率为

$$R = \sum_{k} \log_2(1+\mathrm{SINR}_k), k=1,2,\cdots,K \tag{9-9}$$

信道的空间相关矩阵可表示为

$$\boldsymbol{H}_k = \frac{1}{\sqrt{\mathrm{tr}(\boldsymbol{H}_U)}} \boldsymbol{H}_U^{\frac{1}{2}} \boldsymbol{H}_{iid} H_B^{\frac{1}{2}}, k=1,2,\cdots,K \tag{9-10}$$

其中：$\boldsymbol{H}_{iid}$为高斯分布的复数矩阵，其均值设置成零，方差设置为单位方差；$\boldsymbol{H}_U$和$\boldsymbol{H}_B$分别为传输信道的相关矩阵。此外，实际情况下，与用户之间的距离相比，用户天线的长度更短，因此用户之间互不干扰，相互独立，$\boldsymbol{H}_U$可表示为$E \in R^{K \times K}$。因此，信道相关矩阵的大小主要是由基站端的相关矩阵决定的。

9.3 深度学习理论

深度学习是一种模仿人类神经网络结构和功能对事物进行认知学习以及解决复杂问题的方法。早在1958年，Frank等人首次提出了感知机模型。随后，越来越多的研究者致力于研究这种能够模仿生物感知的模型。其中，Marvin Minsky等人根据单层感知机提出多层感知机，并且验证了不仅单层感知机具有学习能力，多层感知机也具有学习能力。其中多层感知机是基于单层感知机升级得到的，即增加多个隐含层。此外，还提出了采用Sigmoid函数进行非线性映射来解决非线性问题。然而，因神经网络结构复杂导致在训练过程中需要很长的时间段，神经网络进入低谷期。直到Paul Werbos在1974年提出了误差反向传播算法，其训练时间勉强让人接受，由此神经网络进入新一轮热潮。但是，因为当时没有良好的神经网络框架，并且深层感知机的性能不如浅层感知机好，因此，神经网络又一次进入低潮期。

2006年，机器学习领域的专家Geoffrey Hinton及其团队针对机器学习问题提出两个重要的观点：一是相对于单层感知机，多层感知机具备更好的学习能力，从根本上学习事物的特征，多用于分类问题和可视化问题；二是为了优化多层感知机训练过程中耗时的问题，将训练转化为拆解逐层训练，并且引入了无监督学习方法。深度学习理论也正是在这一关键时期被Hinton等人提出的。这一重要理论再次掀起人工智能的狂潮，各个国家的科研工作者将深度学习的方法成功地引入各个领域，如图像处理、文本分类和自然语言处理等。随后，为了提升网络模型解决复杂问题的能力，各种深度学习神经网络模型相继被提出，如经典的卷积神经网络模型。卷积神经网络中的神经元之间是以局部连接的形式连接的，且每层进行组织图像转换，此外，相同的参数可直接应用于前一层网络的每一个不同位置，其网络结构形式的特点为平移不变性。除此之外，深度学习领域相关专家提出一些非线性激活函数，从而使网络模型可以更好地解决各种非线性问题，主要的非线性激活函数如图9-2所示，包括Sigmoid函数、Tanh函数、Relu函数、LeakyRelu函数等。

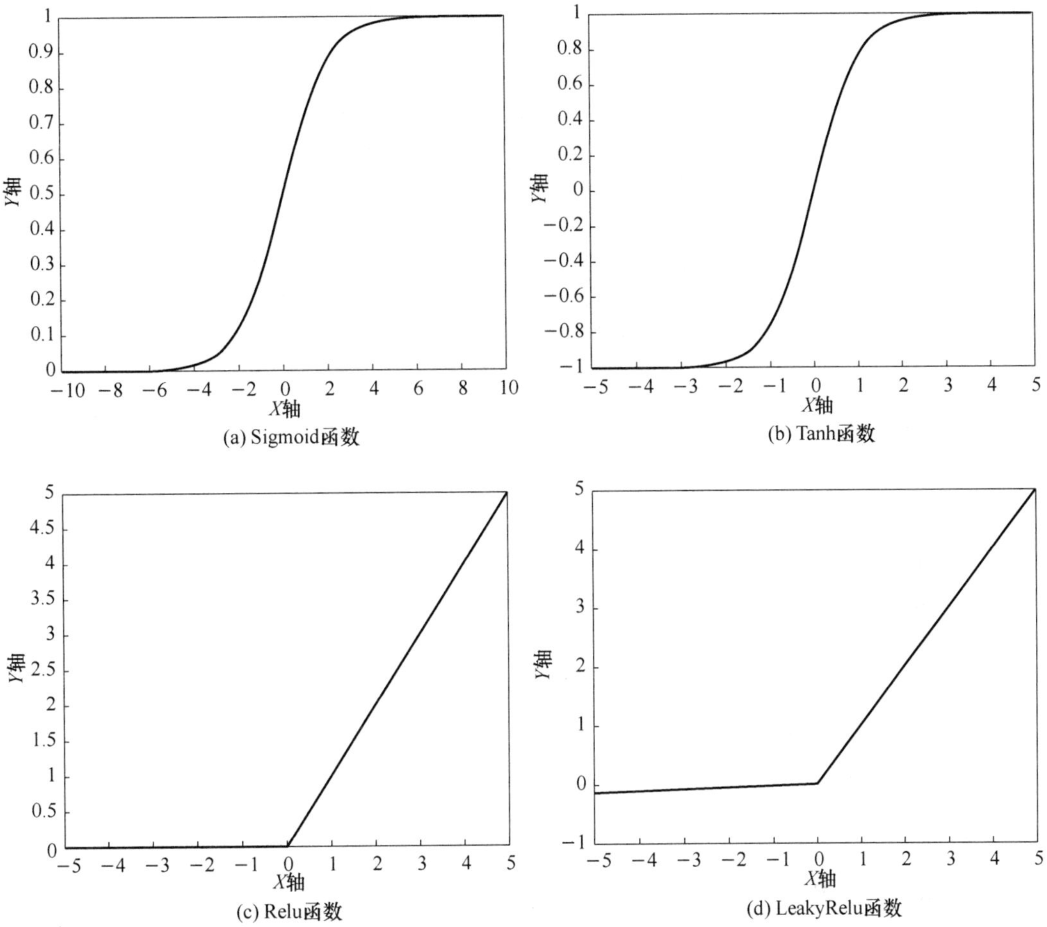

图 9-2 常用的激活函数

9.3.1 典型的神经网络结构

当前在机器视觉以及自然语言处理领域存在一些性能良好的神经网络结构。这些网络都是基于一些基础的神经网络以改进、组合等方式搭建而成的，其中较为典型的网络有前馈神经网络、卷积神经网络、自动编码器及递归神经网络等。本节将主要对一些工作中经常用到的网络结构及原理进行简要介绍。

1. 前馈神经网络

前馈神经网络是最简单的一种网络框架，也是各种神经网络中最基本的神经网络。前馈神经网络也是一种多层感知器。前馈神经网络的每一层都有多个神经元，每一层中的任意一个神经元是由上一层(隐藏层或者输入层)所有神经元加权和激活函数处理得到的。其中，隐藏层个数是可以灵活设置的，一般需要根据网络的性能进行调整，且整个网络中没有返回的计算过程，信号在所有神经网络层之间都是以单向传播的形式传播的，不存在逆向传播。假设隐藏层个数为 3,一个典型的多层前馈神经网络如图 9-3 所示。

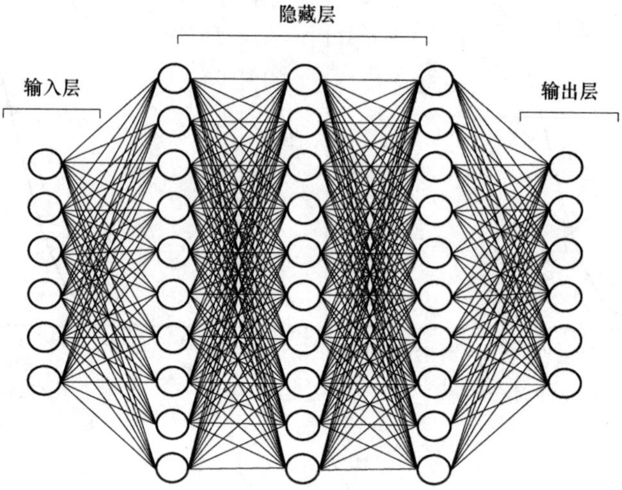

图 9-3　全连接神经网络

2. 卷积神经网络

CNN 是一种典型的前馈神经网络,其在图像处理研究领域中具备优异的效果。卷积神经网络主要包括三个重要的模块:局部感受野模块、共享权值模块、池化模块。

(1) 局部感受野:与一般深度神经网络不同的是,特征提取层中每一个神经元信息只包含一个矩阵部分局域的元素信息。该特性模仿人类视觉,主要关注局部的重要信息。

(2) 共享权值:在特征信息映射的网络层中,任意一个神经元所连接的前面一层的神经元所采用的权重值是相同值,这将会大幅度减少网络框架中训练参数的个数,最终达到降低网络框架复杂度的目的,其中映射结构中所采用的激活函数为 Sigmoid 函数。

(3) 池化:池化层的目的是将特征信息降维和矩阵压缩,从而减少特征信息的冗余信息。一般情况下,卷积神经网络中的每一个卷积层都有一个池化操作和激活函数操作,这两种特有的操作都会起到减小特征分辨率的效果。其中卷积和池化算法如图 9-4 所示。

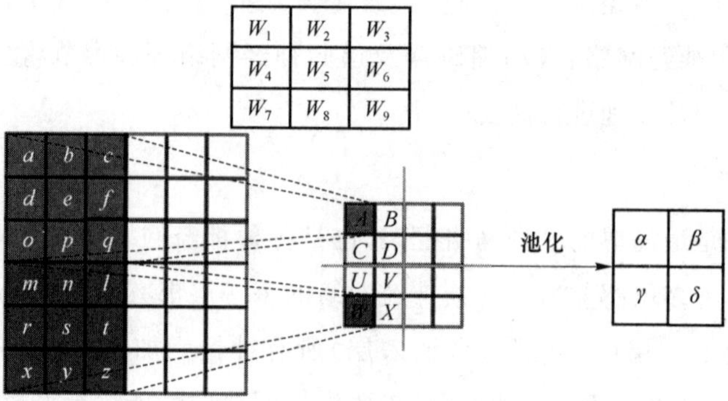

图 9-4　卷积神经网络

其中,卷积层中:

$$A=a\cdot W_1+b\cdot W_2+c\cdot W_3+d\cdot W_4+e\cdot W_5+f\cdot W_6+o\cdot W_7+q\cdot W_8 \quad (9\text{-}11)$$

最大池化:

$$\alpha=\max(A,B,C,D) \quad (9\text{-}12)$$

3. 自动编码器

自动编码器是在深度神经网络基础上改进的,该网络的思想是通过编码器结构将特征信息进行压缩降维,然后通过解码器进行信息重建。编码器函数的表达式为$h=f(x)$,用于压缩编码,$r=g(h)$作为自动解码器函数,用于特征信息的重构。一般情况下,自动编码器的主要作用分为两种:一是对特征信息进行降维,二是对特征信息进行训练和学习。自编码神经网络尝试学习的一个函数为:$h_{w,b}(x)\approx x$,其目标就是拟合输入值与目标值之间的关系,用来代替一个恒等函数,从而使得输出$x_{(2)}$接近于输入$x_{(1)}$。恒等函数常用于自编码神经网络存在如限定隐藏神经元个数等限制条件时。

4. 递归神经网络

递归神经网络因内部具备存储器算法,可以实现对序列及其上下文的深入理解,因此常用于时间序列、语音、音频等时序数据的信号处理。最为常用的一种递归神经网络是长短时记忆。该网络是递归神经网络的一种延伸,和简单的递归神经网络相比,LSTM将输入的信息包含在内存中,因此能够长时间记住它们的输入值。是否保留或丢弃某些信息主要靠门控单元来决定,门控单元根据当前信息的重要性决定是否存储或者删除信息,其中,重要性的分配主要通过权重实现,是通过网络训练学习到的。LSTM主要包括输入门、遗忘门和输出门,结构如图9-5所示。

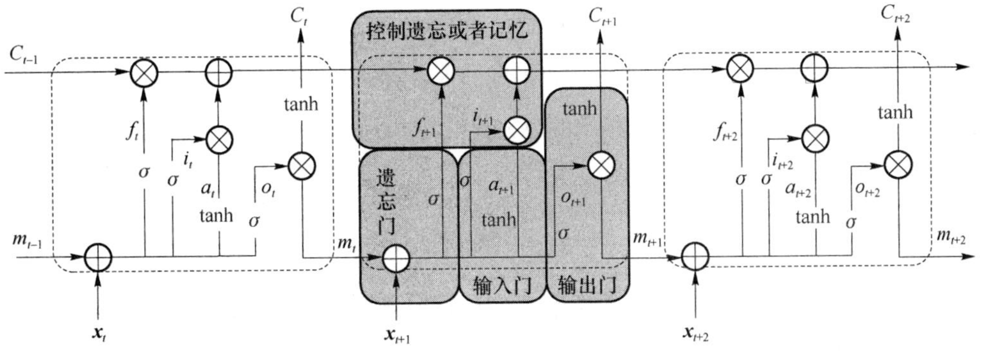

图9-5 LSTM网络结构

9.3.2 训练方法

深度神经网络一般采用损失函数计算估计值与实际值之间的损失，再结合优化算法如梯度下降算法计算优化梯度，并通过反向传播算法发送至神经网络结构中的各个神经元，对网络结构进一步地优化，如此循环优化，直到达到优化条件即收敛条件，则迭代停止。本节将对损失函数、梯度下降算法、反向传播算法、收敛条件及随机失活算法进行详细介绍。

1. 损失函数

在神经网络进行训练优化的过程中，需要计算损失函数。损失函数的物理意义是估计值与实际值之间的误差大小，常用的损失函数有交叉熵损失函数以及平方差函数。

采用平方差作为损失函数，可表示为

$$\text{Loss} = \sum_{i=1}^{T} \| \hat{x}_i - x_i \|^2 \tag{9-13}$$

其中，T 为神经网络输出估计值的元素个数和期望值元素的个数，x_i、$\hat{x}_i$ 分别代表第 i 个期望值和估计值，$\|\cdot\|_2$ 为均方差。对于交叉熵损失函数，可表示为

$$\text{Loss}_1 = \sum_{i=1}^{T} - x_i \log(\hat{x}_i) \tag{9-14}$$

对于以上两种衡量方法，神经网络训练的最终目标都是尽可能地降低损失函数。损失函数的大小由网络中的大量训练参数如权重和偏置所决定。因此常采用梯度下降算法调整这些参数，最终降低损失函数的大小。

2. 梯度下降法

神经网络模型进行训练时，梯度下降算法是将梯度方向返回至网络时常用的一种反向传播优化算法。梯度下降算法的基本原理是目标函数 $J(\theta)$沿着参数 θ 的梯度下降最快的方向，通过循环迭代的方式进行优化。如果网络采用的损失函数 $J(\theta)$越小，网络拟合性能越好，那么训练时将参数沿着梯度相反的方向优化(学习速率 η)，就可以实现目标函数的下降。参数更新公式为

$$\theta \leftarrow \theta - \eta \cdot \nabla_\theta \cdot J(\theta) \tag{9-15}$$

其中，$\nabla_\theta \cdot J(\theta)$的物理意义为参数的梯度。计算目标函数 $J(\theta)$(损失函数)时，根据训练数据集中数据的量，可以将梯度下降算法归为三种形式：第一类是批量梯度下降算法，其神经网络是一次性针对所有数据集进行优化训练的。但是，该类方法中，训练数据集过多会导致训练时占用大量系统内存，而且训练过程中梯度下降的收敛速度将会降低。第二类是随机梯度下降算法，该类方法在每次训练过程中只采用所有训练集中的一个数据集，而且在

每次循环迭代过程中都会对网络参数进行一次更新,因此具有收敛速度快的特点。然而,在训练学习期间将会出现目标函数值抖动现象。第三类是小批量梯度下降算法,该类方案是对前两种方法进行权衡的方案,其只选用所有训练集中小批量的样本对 $J(\theta)$ 进行计算,这样可以保证训练过程更为稳定。三类算法中,从性能而言,批量下降算法是最优的梯度下降算法。

3. 反向传播算法

反向传播算法是指采用线性回归的思想通过梯度下降的方法,求解神经网络模型的输出信号对于各个参数的梯度值,并将其反向传输至神经网络中的各个节点,逐渐调节参数,从而达到训练模型的效果。具体来说,反向传播的目的是使实际值与期望值的误差最小,因此是将各个参数的负梯度值传至神经网络的每一个节点,梯度值可表示为

$$\Delta \boldsymbol{w} = -\eta \frac{\partial L}{\partial \boldsymbol{w}} \tag{9-16}$$

$$\Delta \boldsymbol{b} = -\eta \frac{\partial L}{\partial \boldsymbol{b}} \tag{9-17}$$

其中,L 表示损失函数,$\boldsymbol{w}$ 代表权重,$\boldsymbol{b}$ 值代表偏置,η 为常数,物理意义为学习率。

根据上述所求的权重和偏置梯度值,将网络中的训练参数(权重和偏置)进行迭代更新,可表示为:

$$\boldsymbol{w}(n+1) = \boldsymbol{w}(n) + \Delta \boldsymbol{w} \tag{9-18}$$

$$\boldsymbol{b}(n+1) = \boldsymbol{b}(n) + \Delta \boldsymbol{b} \tag{9-19}$$

其中,n 为迭代次数。当所有层的权重和偏置完成更新以后,将会继续新一轮的前向传播,即继续对神经网络进行优化,当满足收敛条件时,停止训练。

4. 收敛条件

基于大量数据集,训练优化得到的神经网络是通过一种循环迭代的方式进行更新的,因此,当神经网络达到最优时,需要设定收敛条件以终止训练过程。目前常用的训练条件主要分为三类。

(1) 在训练集的基础上限制:当神经网络在训练集上表现出优越的性能和准确度时,停止训练过程。

(2) 在测试集的基础上限制:当神经网络在训练集上表现出优越的性能和准确度时,停止训练过程。

(3) 在训练的周期上限制:一般通过观察网络在数据集上的预测准确性,设置一个具体的训练周期数,当达到这个固定次数时,停止训练。

5. 随机失活算法

深度学习中的 DNN 具备很强的训练学习能力。在训练过程中，基于数据库中大量的数据集，损失函数将会降到很小的数值，即神经网络的误差将会降到很小，但在测试集中，却没有产生预料的效果，这种现象称为过拟合。

当前，针对这些过拟合现象，机器学习领域中已经有了较好的应对方案，如 L1 正则化和 L2 正则化降低参数值、选择良好的训练标准等。而造成过拟合的根本原因是特征维度过多，模型搭建太复杂，网络训练参数存在冗余，训练数据库少，噪声过多，导致训练时表现出性能良好的假象。然而，在线上检测时，当处理新的测试集时，达不到理想的效果。这是因为训练时拟合数据集过度，而忽略了网络的整体泛化能力。

为了减少过拟合，Hinton 团队提出阻止特征检测器的方法，即引入 Dropout 层。该方案表示，在每批量训练中，通过舍弃一部分的神经元，即将上一隐藏层的部分神经元节点做归零处理，可以缓解神经网络过拟合的问题。该方案中，从第一层向最后一层传播时，根据一定的概率使若干神经元的激活值归零，从而可以降低神经元之间的冗余特性。经过 Dropout 层的处理，神经元之间的依赖性减弱，从而神经网络的模型泛化性有所加强。

9.4 基于深度学习的大规模 MIMO 信道反馈模型

在 FDD 大规模 MIMO 系统中，假设基站端配置 N_t 根发射天线，且发射天线采用均匀线性阵列，用户设备端配置单一天线。此外，系统采用 OFDM 调制技术，子载波数为 $\widetilde{N}_c$，无线通信信道为瑞利平坦衰落。基于自动编码器的大规模 MIMO 信道状态信息反馈系统如图 9-6 所示。

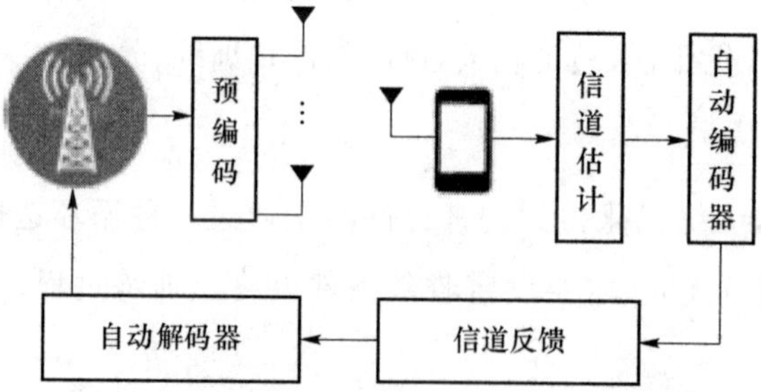

图 9-6　大规模 MIMO 系统中的信道反馈框图

FDD 无线通信系统的下行链路中，在基站端，首先将数据信号进行预编码，然后将编码后的信号发送至下行链路信道，则接收端第 n 个子载波相对应的接收信号为

$$y_n = \widetilde{\boldsymbol{h}}_n^{\mathrm{H}} \boldsymbol{v}_n x_n + z_n \tag{9-20}$$

其中：$\widetilde{\boldsymbol{h}}_n \in C^{N_t \times 1}$代表第 n 个子载波所对应的信道向量；$v_n \in C^{N_t \times 1}$代表第 n 个子载波所对应的预编码向量；$x_n \in C$ 代表调制数据信号；$z_n \in C$ 代表均值为零的高斯白噪声。此外，$\widetilde{\boldsymbol{H}} = [\widetilde{\boldsymbol{h}}_1\ \widetilde{\boldsymbol{h}}_2 \cdots \widetilde{\boldsymbol{h}}_{\widetilde{N}_c}]^{\mathrm{H}} \in C^{\widetilde{N}_c \times N_t}$是空频域的信道状态信息。

在接收导频信号之后，用户端通过信道估计模块计算信道状态信息矩阵 $\widetilde{\boldsymbol{H}}$，然后通过上行链路发送至基站端。理论分析可知，通信系统总共发送的参数个数为$\widetilde{N}_c \times N_t$，从而导致通信系统需要很高的反馈开销。因此，本章采用压缩理论减少参数个数，从而减少反馈开销。在这项工作中，通过 DFT 操作将信道矩阵 $\widetilde{\boldsymbol{H}}$ 转化为近似稀疏矩阵 $\overline{\boldsymbol{H}}$，可表示为

$$\overline{\boldsymbol{H}} = \boldsymbol{R}_{\mathrm{d}} \widetilde{\boldsymbol{H}} \boldsymbol{R}_{\mathrm{a}}^{\mathrm{H}} \tag{9-21}$$

其中，$\boldsymbol{R}_{\mathrm{d}} \in C^{\widetilde{N}_c \times \widetilde{N}_c}$和 $\boldsymbol{R}_{\mathrm{a}} \in C^{N_t \times N_t}$都是 DFT 矩阵，由于多路径到达之间的时间延迟是有限的，预处理的矩阵 $\overline{\boldsymbol{H}}$ 为稀疏矩阵，且 $\overline{\boldsymbol{H}}$ 的前 N_c 行为非零元素值。本章将保留其非零元素值，丢弃零元素，得到截断的信息矩阵 $\boldsymbol{H} \in C^{N_c \times N_t}$。信道反馈系统中，用户端的自动编码器将 CSI 信息 $\boldsymbol{H}$ 进行压缩编码为码字向量，并通过上行链路发送至基站用于信道状态信息的恢复。基站端的自动解码器将接收到的码字向量解码为信道状态信息。

以上这种基于 LSTM-Attention 的大规模 MIMO 信道反馈系统中，编码器和解码器所使用的网络为 LSTM-Attention CsiNet 网络。下一节介绍 LSTM-Attention CsiNet 网络的原理。

9.5 LSTM-Attention CsiNet 及其轻量级网络

9.4 节中所采用的自动编码器和解码器由卷积神经网络、全连接网络(Fully Connected Network，FCN)、长短时记忆、注意力机制等结构组成，在此为其命名为 LSTM-Attention CsiNet。9.5.1 节将详细介绍该网络的结构和原理。在此基础上，9.5.2 节通过修改 LSTM-Attention 和 FCN 的连接方式减少神经网络中的训练参数个数，从而降低神经网络的复杂度，称其为轻量级 LSTM-Attention CsiNet。

9.5.1 LSTM-Attention CsiNet

自动编码器 LSTM-Attention CsiNet 的结构如图 9-7 所示。该结构中，假设 N_1、N_2、N_3 分别为长度、宽度和特征图的数量。首先在用户端，为了减少信道反馈的信道状态信息量和信道反馈链路开销，在输入神经网络之前将信道状态信息进行 DFT 和截断的预处理操作。其次，为了减小计算复杂度，截断后的矩阵 $\boldsymbol{H} \in C^{N_c \times N_t}$ 的实部和虚部分开并拼接为矩阵 $\boldsymbol{H}' \in C^{N_c \times N_t \times 2}$，再将其输入编码器进行编码，得到需要的码字向量。

编码器由特征提取和特征压缩两个模块串联组成。其中，特征提取部分依次由卷积核

为 3×3 的卷积层、BatchNorm 的正则化层、LeakyRelu 激活函数组成，所得到的数据为两个 $N_t \times N_c$ 矩阵。特征压缩模块中，将提取的特征信息矩阵转换为向量 $\boldsymbol{l} \in R^{N\times 1}$，其中 $N=2N_tN_c$，并将向量输入并联的 FCN 和 LSTM-Attention 模块。其中，FCN 作为跳变连接将向量 $\boldsymbol{l}$ 压缩为向量 $\boldsymbol{s}_1 \in R^{M\times 1}$。FCN 模块的主要作用是加快收敛速度，有效缓解梯度消失的问题。此外，在 LSTM-Attention 模块中，向量矩阵 $\boldsymbol{l}$ 为输入值，$\boldsymbol{s}_2 \in R^{M\times 1}$ 为模块输出值。LSTM-Attention 模块包含 LSTM 网络和注意力机制模块，用来提高特征压缩模块的性能。其中 LSTM 主要用于学习信道矩阵之间的时间相关性，注意力机制用于计算软概率分布，使神经网络具有自动加权的功能，从而进一步提高特征信息的表征能力。

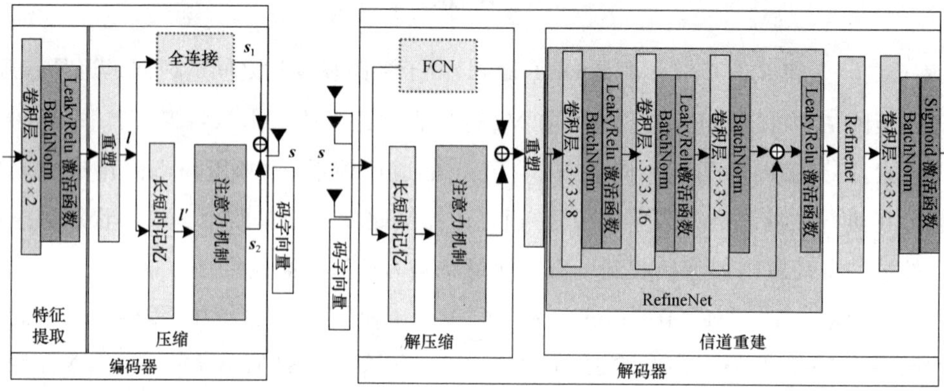

图 9-7　自动编码器 LSTM-Attention CsiNet 神经网络的结构

长短时记忆中，由于存储单元长时间保存序列数据中包含的相关信息，从而解决了梯度消失/爆炸的问题。其中，本节所引入的 LSTM 存储单元具有潜在的记忆功能，可以长期保存所提取的信息。特征压缩和特征解压缩模块利用 LSTM 从先前的时间步长中学习时间相关性。

LSTM 网络如图 9-8 所示，每一个 LSTM 单元都包含遗忘门、输入门和输出门。其中 LSTM 单元的更新是由遗忘门和输入门所决定的。假设 t 为时间步长，遗忘门可表示为

$$\boldsymbol{f}_t = \sigma(\boldsymbol{W}_{\mathrm{lf}}\boldsymbol{l}_t + \boldsymbol{W}_{\mathrm{mf}}\boldsymbol{m}_t + \boldsymbol{b}_t) \tag{9-22}$$

其主要作用是判定当前信息的重要性，从而决定应该丢弃或保留当前的信息。主要过程为：首先将隐藏状态的信息和当前输入的信息进行信息融合，然后经过 Sigmoid 函数处理，当输出值接近 0 时，表示当前信息应该丢弃，相反越接近 1 时，信息越重要，越应该保留。输入门可表示为

$$\boldsymbol{i}_t = \sigma(\boldsymbol{W}_{\mathrm{li}}\boldsymbol{l}_t + \boldsymbol{W}_{\mathrm{mi}}\boldsymbol{m}_t + \boldsymbol{b}_{\mathrm{i}}) \tag{9-23}$$

$$\boldsymbol{a}_t = \tanh(\boldsymbol{W}_{\mathrm{la}}\boldsymbol{l}_t + \boldsymbol{W}_{\mathrm{ma}}\boldsymbol{m}_t + \boldsymbol{b}_{\mathrm{a}}) \tag{9-24}$$

输入门的主要作用是更新 LSTM 单元的状态。主要过程为：将当前隐藏状态信息与输

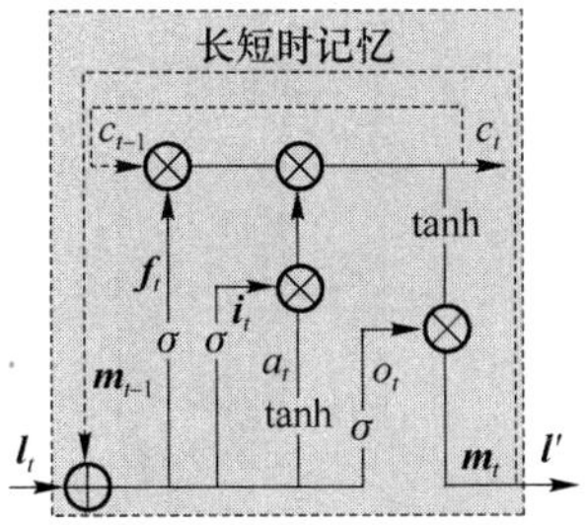

图 9-8 长短时记忆网络的结构

入信息融合并分别输入 Sigmoid 函数和 Tanh 函数，然后利用 Sigmoid 函数判定哪些信息需要更新，并采用 Tanh 函数生成一个向量用来更新 $\boldsymbol{a}_t$，最后将两者的输出信息进行信息融合，从而对 LSTM 单元进行状态更新。控制遗忘或者记忆：

$$\boldsymbol{c}_t=\boldsymbol{c}_{t-1}\otimes\boldsymbol{f}_t+\boldsymbol{i}_t\otimes\boldsymbol{a}_t \tag{9-25}$$

输出门：

$$\boldsymbol{o}_t=\sigma(\boldsymbol{W}_{\mathrm{lo}}\boldsymbol{l}_t+\boldsymbol{W}_{\mathrm{mo}}\boldsymbol{m}_t+\boldsymbol{b}_{\mathrm{o}}) \tag{9-26}$$

$$\boldsymbol{m}_t=\boldsymbol{o}_t\otimes\tanh\boldsymbol{c}_t \tag{9-27}$$

控制 $\boldsymbol{c}_t$ 输出的门叫作输出门，用 $\boldsymbol{o}_t$ 表示。输出门用于确定 LSTM 输出值。首先，利用 Sigmoid 函数确定细胞状态需要输出的值。然后，利用 tanh 函数对细胞状态进行处理并与 Sigmoid 输出值相乘，最终输出已确定输出的那部分值。其中：σ 为 Logistic Sigmoid，$\boldsymbol{c}_t$ 和 $\boldsymbol{a}_t$ 分别代表记忆单元和隐藏向量，$\boldsymbol{W}_{\mathrm{l}*}=\{\boldsymbol{W}_{\mathrm{lf}},\boldsymbol{W}_{\mathrm{li}},\boldsymbol{W}_{\mathrm{la}},\boldsymbol{W}_{\mathrm{lo}}\}$ 和 $\boldsymbol{W}_{\mathrm{m}*}=\{\boldsymbol{W}_{\mathrm{mf}},\boldsymbol{W}_{\mathrm{mi}},\boldsymbol{W}_{\mathrm{ma}},\boldsymbol{W}_{\mathrm{mo}}\}$ 代表相关权重值，$\boldsymbol{b}_{\mathrm{f}},\boldsymbol{b}_{\mathrm{i}},\boldsymbol{b}_{\mathrm{o}},\boldsymbol{b}_{\mathrm{a}}$ 代表相关偏置，$\otimes$表示 Hadamard 乘积。

在 LSTM 网络中，输入序列无论其长度如何，都被编码成一个向量。然而该向量的维度是固定不变的，这在解码方面束缚着整个网络的性能，从而降低特征表示能力。因此，本节在上述 LSTM 单元之后引入注意机制，利用其自动加权的特性，增强 LSTM 学习信道之间时间相关性的功能。

注意力机制网络的结构如图 9-9 所示，其主要部分包括全连接层和 Softmax 激活函数。其中，输入值为 LSTM 网络的输出值 $\boldsymbol{l}'=[\boldsymbol{m}_1\boldsymbol{m}_2\cdots\boldsymbol{m}_T]$，输出值 $\boldsymbol{s}_2$ 可以通过 $\boldsymbol{l}'$线性加权和得出，可以表示为

$$(\boldsymbol{s}_2)_i=\sum_j^T\boldsymbol{\lambda}_{ij}m_j \tag{9-28}$$

其中，$\boldsymbol{\lambda}_{ij}$ 是相对应的 $\boldsymbol{m}_j$ 软概率分布拟合能力。

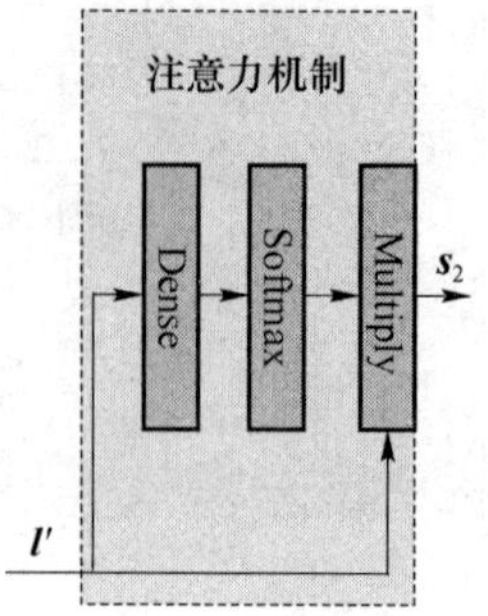

图 9-9　注意力机制模型

借助 Softmax 激活函数进行权重归一化得到 $\boldsymbol{\lambda}_{ij}$，可表示为

$$\boldsymbol{\lambda}_{ij}=\frac{\exp(\boldsymbol{\beta}_{ij})}{\sum_{k=1}^{T}\exp(\boldsymbol{\beta}_{ik})} \tag{9-29}$$

式中，$\boldsymbol{\beta}_{ij}=\boldsymbol{a}(\boldsymbol{\varphi}_{i-1},\boldsymbol{m}_j)=\boldsymbol{W}_{i-1}^{\text{mech}}\boldsymbol{m}_j$ 是由全连接层完成的对齐模型。$\boldsymbol{W}_{i-1}^{\text{mech}}$ 是由相似度计算的权重，表示 $\boldsymbol{\varphi}_{i-1}$ 和 $\boldsymbol{m}_j$ 之间的相似度。

在 LSTM-Attention CsiNet 网络中，将注意力机制模型部署到 CSI 反馈网络中，并与其他神经网络模块相结合。该机制通过局部感知和软决策对前景序列进行优先级排序，并将注意力集中在比较重要的信息上，增强了 MIMO 信道的时间相关特征信息的表示。

经过压缩模块中 FCN 和 LSTM-Attention 模块操作之后，自动编码器将 FCN 的输出值与 LSTM-Attention 模块的输出值进行特征信息融合，从而获得编码器的输出值，可表示为

$$\boldsymbol{s}=\boldsymbol{s}_2+\boldsymbol{s}_2 \tag{9-30}$$

其中，自动编码器的编码率为 $r=\dfrac{M}{N}$。编码器将 N 维向量压缩输出为 M 维向量，用户端将压缩向量通过上行无线信道反馈至基站，由基站恢复下行链路的 CSI。需要说明的是，在信道反馈传输过程中，假设反馈链路是完美的，传输码字过程中不存在损失。

在基站端，来自用户端的码字向量 $\boldsymbol{s}$ 通过解码器将信道状态信息恢复。其解码器由特征解压缩和信道恢复两个模块组成。其中，特征解压缩模块与上述编码器相似，由 LSTM-Attention 和 FCN 并联组成。不同的是，解压缩模块是将尺寸为 $M\times1$ 的向量解压为尺寸 $N\times1$ 的向量。经过解压缩操作之后，解压缩模块的输出值为信道矩阵的实部和虚部的初始化估计值，即为解压缩向量 $\boldsymbol{l}_{\text{d}}\in R^{N\times1}$。接下来，将解压缩向量 $\boldsymbol{l}_{\text{d}}$ 输入信道恢复模块以恢复信道状态信息。在信道恢复模块中，将 $\boldsymbol{l}_{\text{d}}$ 依次输入两个 RefineNet 单元。其中，每个 RefineNet 单元的处理过程为 2 个 3×3 卷积核的卷积层→BatchNorm 的正则化层→LeakyRelu 激活函数→8 个 3×3 卷积核的卷积层→BatchNorm 的正则化层→LeakyRelu 激活函数→16 个 3×3 卷积核的卷积层→BatchNorm 的正则化层，然后将输入和以上过程

的输出进行特征信息融合，并经过 LeakyRelu 函数进行激活，最终获得 RefineNet 单元的输出值。

RefineNet 单元主要有两个特性：RefineNet 单元输出信号的维度等于通道矩阵的维度。一般情况下，所有卷积神经网络都采用池化层降采样的形式对特征信息进行降维。然而，本章的目标是细化信道矩阵而不是降维。根据残差网络的思路，RefineNet 单元引入了短连接方式，直接将数据流传递到后面的层。这避免了多重叠加非线性变换引起的梯度消失问题。针对本章所用到的 LSTM-Attention CsiNet 网络，采用两个细化单元具有良好的性能。进一步增加细化网络单元并不能显著提高重建质量，但会增加计算复杂度。通过一系列的 RefineNet 单元对信道矩阵进行细化后，将信道矩阵输入最终的卷积层，利用 Sigmoid 函数将值缩放到[0,1]范围内。因此，RefineNet 单元解决了细化特征过程中的梯度消失问题，从而提高信息重构的准确性。最后，通过非零元素连接和逆向 DFT 操作，将重构的信道矩阵 $\hat{\boldsymbol{H}}$ 恢复出原始的信道矩阵 $\widetilde{\boldsymbol{H}}$。

本节介绍的 LSTM-Attention CsiNet 网络中的压缩模块是将 N 维向量压缩为 M 维向量的处理($M<N$)，且解压缩模块是将 M 维向量扩展为 N 维向量的处理，都具有大量的训练参数个数。这些训练参数中存在一些冗余信息，即并不是所有的训练参数都对网络性能有贡献。因此，基于 LSTM-Attention CsiNet 模块，9.5.2 节将通过调整 LSTM-Attention 和 FCN 的连接方式提出一种轻量级信道反馈网络架构，从而减少网络的训练参数个数。

9.5.2 轻量级网络 Reduced LSTM-Attention CsiNet

9.5.1 节所提出的 LSTM-Attention CsiNet 自动编解码器的重构性能依赖于大规模的训练参数。这些参数主要来自压缩和解压缩模块。然而，训练参数存储了大量的冗余信息，并不是所有的参数和子结构都扮演着重要的网络角色，且冗余的参数信息反过来又增加了反馈系统的复杂性和信道恢复时间。本节提出了一种基于低复杂度的 Reduced LSTM-Attention CsiNet 新结构。

轻量级神经网络 Reduced LSTM-Attention CsiNet 的压缩和解压缩模块如图 9-10 所示，压缩和解压缩模块同样由 FCN 和 LSTM-Attention 两部分组成。不同的是 FCN 和 LSTM-Attention 由串联的方式连接，且将两者的输出特征信息进行信息融合以缓解梯度消失问题。对于压缩模块，FCN 将 N 维特征信息压缩为 M 维的码字序列，并直接输入 LSTM-Attention 模块。特征提取模块输出的 N 维特征向量 $\boldsymbol{l}$ 将被解压缩为 M 维的 $\boldsymbol{s}_1$ 向量，这将使 LSTM-Attention 模块的输入值与输出值的尺寸不会发生变化。此外，在解压缩模块中，接收端接收到的 M 维向量 $\boldsymbol{s}$ 输入 LSTM-Attention 模块得到 M 维向量，与向量 $\boldsymbol{s}$ 进行信息融合，使得 LSTM-Attention 上的跳转连接在特征融合操作之前不需要进行任何维度的变换。最后，将 LSTM-Attention 模块得到的 M 维向量输入 FCN 进行解压缩。因此，不管是在压缩模块还是在解压缩模块，将 LSTM-Attention 网络与 FCN 网络以串联的形式进行连接,都将会降低信道状态信息反馈网络的训练参数个数,从而降低网络框架的复杂性以及计算复杂度。

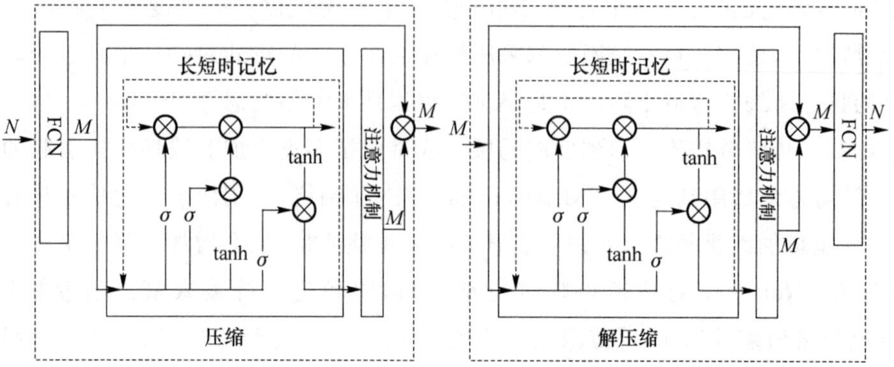

图 9-10　Reduced LSTM-Attention CsiNet 网络的压缩和解压缩模块

9.6　基于自动编码器的信道状态信息反馈算法

如 9.2 节 MIMO 信道反馈模型所述,将 LSTM-Attention CsiNet 网络嵌入信道反馈模型中,可用于信道状态信息反馈。该网络是通过循环迭代的方式,以端对端的形式对上述两种信道反馈网络框架进行训练与优化,其优化的目标是使损失函数最小化,最终通过梯度下降的方法获得最优的网络核函数和最优的网络偏差,从而得到优化的神经网络。该训练过程中,采用均方误差作为损失函数来衡量重构性能,在每次迭代运算中,利用自适应矩估计优化算法更新神经网络中的训练参数。基于长短时-注意力机制的大规模 MIMO 信道反馈算法主要包括训练和反馈两个阶段。本节将以 LSTM-Attention CsiNet 为例,针对神经网络线上训练和线下反馈过程做出详细描述。

1. 线下训练阶段

在用户端,经过信道估计模块处理得到的信道状态信息,经过 DFT 和截断的预处理操作,导入初始化神经网络的自动编码器模块,经过编码器提取特征信息以及压缩编码得到码字向量,通过上行反馈链路将码字向量发送至基站端。在基站端,接收到的压缩向量被传输到解码器,经过解压缩和信道恢复处理,恢复出信道状态信息。其中,需要说明的是,线下训练过程中,以系统估计值与实际值的 MSE 表示,即

$$L(\boldsymbol{\theta}_{\mathrm{e}},\boldsymbol{\theta}_{\mathrm{d}})=\frac{1}{K}\sum_{i=1}^{K}\|f_{\mathrm{d}}(f_{\mathrm{e}}(\boldsymbol{H}_i,\boldsymbol{\theta}_{\mathrm{e}}),\boldsymbol{\theta}_{\mathrm{d}})-\boldsymbol{H}_i\|_2^2 \tag{9-31}$$

其中:$\boldsymbol{\theta}_{\mathrm{e}}$ 和 $\boldsymbol{\theta}_{\mathrm{d}}$ 分别为编码器和解码器的训练参数;f_{e} 和 f_{d} 分别为编码器和解码器;K 为 batch_size;i 为迭代次数。假设网络结构的输入为矩阵 $\widetilde{\boldsymbol{H}}$,网络的输出为信道状态信息矩阵 $\hat{\boldsymbol{H}}$。综上所述,网络具体的训练过程如下。

第一步：通过 COST 2100 MIMO 模型产生原始的信道矩阵 $\widetilde{\boldsymbol{H}}$。首先通过 DFT 和截断操作将信道矩阵 $\widetilde{\boldsymbol{H}}$ 进行预处理，然后将其实部和虚部分开并连接成尺寸为 $N_c \times N_t \times 2$ 的矩阵 $\boldsymbol{H}'$。

第二步：在用户端，将矩阵 $\boldsymbol{H}'$ 输入编码器。编码器中，首先通过卷积和重塑操作进行特征信息提取，将特征信息并行输入特征压缩模块的 FCN 和 LSTM-Attention 模块压缩成码字向量 $\boldsymbol{s}$。

第三步：将接收到的码字向量 $\boldsymbol{s}$ 通过上行链路传输至基站端。

第四步：在基站端，将接收到的码字向量 $\boldsymbol{s}$ 输入解码器。首先，通过并行输入解压缩模块中的 FCN 和 LSTM-Attention 网络，将其解压缩成 $2N_tN_c \times 1$ 的特征向量信息，随机输入信道恢复模块。

第五步：通过 MSE 计算损失函数 L，ADAM 算法更新网络中的训练参数值，其目的是减小原始有效矩阵 $\boldsymbol{H}$ 和估计矩阵 $\hat{\boldsymbol{H}}$ 之间的损失。

重复第二步至第四步进行循环迭代，直到获取最优的 CSI 反馈神经网络。迭代过程中使用 ADAM 梯度下降算法对参数进行更新，主要步骤如表 9-1 所示。

表 9-1　训练参数更新流程

基于 LSTM-Attention CNN 的大规模 MIMO 信道状态信息反馈算法的线下训练中参数更新的流程
假设网络结构的输入为矩阵 $\widetilde{\boldsymbol{H}}$，网络的输出为信道状态信息矩阵 $\hat{\boldsymbol{H}}$
第一步：设置步长 $\varepsilon=0.001$，矩估计的指数衰减速率 $\rho_1=0.9$ 和 $\rho_2=0.999$，稳定数值的常数 $\delta=10^{-8}$ 和 $t_{\max}$。 第二步：初始化训练参数 $\boldsymbol{\theta}$，初始化一阶矩变量 $\kappa=0$ 和二阶矩变量 $r=0$，初始化时间步 $t=0$，其中，训练参数 $\boldsymbol{\theta}$ 包括 $\boldsymbol{\theta}_e$ 和 $\boldsymbol{\theta}_d$。 第三步：从训练集中随机选取 $m=200$ 个样本 $\{\boldsymbol{H}^{(1)},\cdots,\boldsymbol{H}^{(m)}\}$ 输入 LSTM-Attention CsiNet 信道状态信息反馈重建模型，输出 m 个样本的预测值，并计算预测值与实际值的误差：$L(\boldsymbol{\theta}_e,\boldsymbol{\theta}_d)=\frac{1}{K}\sum_{i=1}^{K}\lVert f_d(f_e(\boldsymbol{H}_i,\boldsymbol{\theta}_e),\boldsymbol{\theta}_d)-\boldsymbol{H}_i\rVert_2^2$，其中，$i=1,2,\cdots,m$，$f_d(f_e(\boldsymbol{H}_i,\boldsymbol{\theta}_e),\boldsymbol{\theta}_d)$ 为第 i 个样本的预测值，$f_d(*)$ 表示解码器，$f_e(*)$ 表示编码器，$\boldsymbol{H}_i$ 为第 i 的样本的真实值。 第四步：根据第三步中预测值与实际值的误差计算 m 个样本的梯度：$g\leftarrow\frac{1}{m}\nabla_\theta\sum_i L(\boldsymbol{\theta}_e,\boldsymbol{\theta}_d)$。 第五步：根据第四步中的梯度更新一阶矩变量和二阶矩变量：$\kappa\leftarrow\rho_1\kappa+(1-\rho_1)g$，$\gamma\leftarrow\rho_2\gamma+(1-\rho_2)g\odot g$。 第六步：计算一阶矩变量和二阶矩变量的偏差：$\hat{\kappa}\leftarrow\frac{\kappa}{1-\rho_1^t}$，$\hat{\gamma}\leftarrow\frac{\gamma}{1-\rho_2^t}$。 第七步：根据一阶矩变量和二阶矩变量的偏差更新训练参数 $\boldsymbol{\theta}$：$\boldsymbol{\theta}\leftarrow\boldsymbol{\theta}+\Delta\boldsymbol{\theta}=-\varepsilon\frac{\hat{\kappa}}{\sqrt{\hat{\gamma}}+\delta}$，并返回步骤三。 第八步：循环执行步骤三至步骤七，直至遍历训练集中所有样本。 第九步：时间步 $t+1$，返回步骤第三步，直至达到最大迭代次数 $t_{\max}$ 时结束迭代，保存最后一次迭代更新的训练参数 $\boldsymbol{\theta}$，输出优化的网络模型。

2. 线上反馈阶段

首先,在用户端,可将估计的 CSI 导入最优神经网络的自动编码器模块,经过提取和压缩编码,将得到的码字向量发送到 BS。然后,在 BS 中,接收到的码字向量依次通过解压缩和信道恢复处理,恢复出 CSI,从而达到 MIMO 系统中信道反馈的效果。这种基于自动编码器的信道状态信息反馈方法,在线上反馈阶段,不需要额外的循环迭代计算操作,就可恢复出信道信息,有效地降低了信道反馈系统的计算复杂度。

本章所提出的两种网络框架 LSTM-Attention CsiNet 和 Reduced LSTM-CsiNet 都是通过同样的训练方法进行优化的。为了验证所提方法的信道反馈准确度和信道反馈算法的计算复杂度,将在下一节分别进行仿真实验。

9.7 仿真与讨论

本节将探讨在不同的场景下,如室内和室外,上节所提到的两种编码器结构与 CsiNet、RecCsiNet 和一些传统信道反馈算法的性能,验证所提出的大规模 MIMO 信道反馈算法的有效性。其中,线下训练阶段,利用 COST 2100 MIMO 信道模型获取大量的信道数据集信息,发送端天线个数设置为 32,子载波个数设置为 1 024,具体的仿真参数如表 9-2 所示。

表 9-2 仿真参数设置

仿真参数	设置
COST 2100 信道模型	室内：5.3 GHz
	室外：300 MHz
发送天线个数	$N_t=32$
子载波个数	$\tilde{N}_c=1\ 024$
截断后长度	$N_c=32$
双工模式	FDD
调制	瑞利衰落

在 PC 的 Nvidia Geforce GTX 1080 Ti GPU、Tensorflow 环境下分别以 NMSE 算法和余弦相似度分析算法进行验证。

9.7.1 算法的 NMSE 性能

本节将通过 NMSE 性能进行仿真分析,验证算法的性能。仿真过程中,训练集、验证集和测试集个数分别为 100 000、30 000 和 20 000,batch_size 为 $K=200$,epochs 为 1 000,学习率为 0.001。此外,在压缩和解压缩模块的 LSTM-Attention 模块中分别设置 6 个 LSTM 单元。

本节采用NMSE比较所提出的算法与LASSO、CS-CsiNet、CsiNet、RecCsiNet的性能，假定编码器的压缩率为 $r=\frac{M}{N}=\left\{\frac{1}{4},\frac{1}{16},\frac{1}{32},\frac{1}{64}\right\}$，NMSE可表示为

$$\text{NMSE}=E\left\{\frac{\|\hat{\boldsymbol{H}}-\boldsymbol{H}\|_2^2}{\|\boldsymbol{H}\|_2^2}\right\} \tag{9-32}$$

需要说明的是，NMSE的值越小，CSI恢复的准确率越高，信道反馈的性能越好。

假设MIMO通信系统中，基站配置32根天线，用户端配置单一根天线。如图9-11所示，在室内场景下，所提CSI反馈算法LSTM-Attention CsiNet的NMSE值小于LASSO、CS-CsiNet、CsiNet和RecCsiNet算法。特别是在编码率为 $r=\frac{1}{4}$ 的情况下，所提算法的NMSE值小于CsiNet的4 dB。图9-12显示，在户外农村场景下，所提算法的NMSE值小于CsiNet 1.5～3 dB。总之，不管在室内场景还是室外场景，提出的LSTM-Attention CsiNet信道反馈算法都具有出色的性能。在自动编码器网络LSTM-Attention CsiNet的压缩和解压缩模块中，采用LSTM单元有效探索以及充分利用了MIMO信道状态信息的时间相关性，又利用了注意力机制进行自动加权，更好地学习了信道结构信息。因此，LSTM-Attention CsiNet在信道矩阵重构方面表现出了更有效的性能。

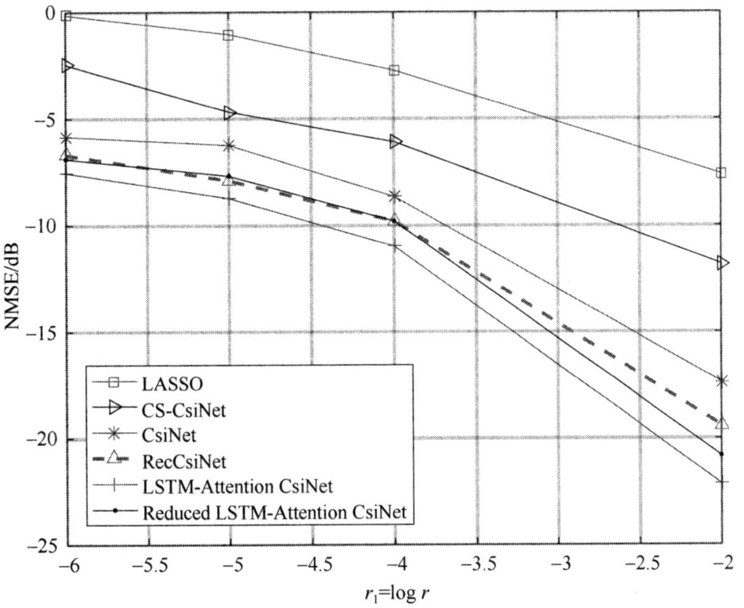

图9-11 LSTM-Attention CsiNet、Reduced LSTM-Attention CsiNet与主流算法的NMSE性能的比较（在室内条件下）

此外，在相同的实验条件下，轻量级的Reduced LSTM-Attention CsiNet信道反馈系统的测试结果如图9-11和图9-12所示。对于室内场景，与其他主流算法相比，Reduced LSTM-Attention CsiNet的NMSE性能更好，其中曲线比CsiNet小1～3 dB。对于室外场

景，Reduced LSTM-Attention CsiNet 的性能也较好，比 CsiNet 的性能好 0.5～2 dB。Reduced LSTM-Attention CsiNet 的压缩和解压模块中的 FCN 作为一个跳转连接网络，保持 LSTM-Attention 模块输入和输出的维数不变，从而减少了网络中训练参数的数量，最终降低了反馈网络的计算复杂度。

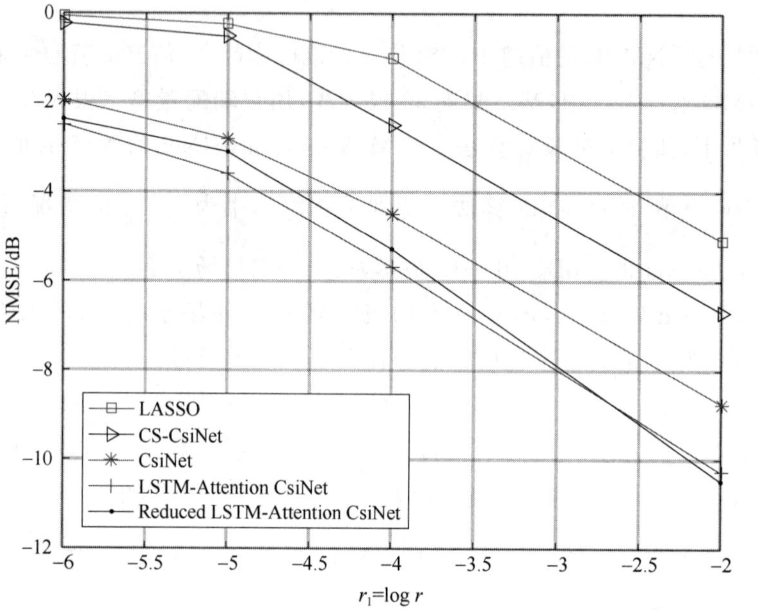

图 9-12　LSTM-Attention CsiNet、Reduced LSTM-Attention CsiNet
与主流算法的 NMSE 性能的比较(在室外条件下)

LSTM-Attention CsiNet 和轻量级 Reduced LSTM-Attention CsiNet 两种网络的性能相比，后者要次于前者。这是因为，FCN 将提取的特征向量的大小从 N 维压缩到 M 维，导致一些特征信息丢失，所以轻量级网络 Reduced LSTM-Attention CsiNet 的性能不如 LSTM-Attention CsiNet。

9.7.2 算法的余弦相似度性能

为了进一步验证所提两种方法的性能，本节采用余弦相似度的方法进一步验证。其中余弦相似度可以表示为

$$\rho = E\left\{\frac{1}{\widetilde{N}_c}\sum_{n=1}^{\widetilde{N}_c}\frac{|\hat{\widetilde{\boldsymbol{h}}}_n^{\mathrm{H}}\widetilde{\boldsymbol{h}}_n|}{\|\hat{\widetilde{\boldsymbol{h}}}_n^{\mathrm{H}}\|_2\|\widetilde{\boldsymbol{h}}_n\|_2}\right\} \tag{9-33}$$

其中：$\hat{\widetilde{h}}_n$ 为第 n 个子载波所对应的重建信道向量(估计值)；$\dfrac{\hat{\widetilde{\boldsymbol{h}}}_n^{\mathrm{H}}}{\|\widetilde{\boldsymbol{h}}_n\|_2}$为波束成形的向量。$\rho$ 值越大，信道反馈网络的性能越好。

将余弦相似性能作为波束成形增益，用于测量大规模 MIMO 系统的信道重构精度。图 9-13 和图 9-14 所示为将所提的两种方法与 TVAL3、LASSO、CS-CsiNet、CsiNet 和 RecCsiNet 进行比较。

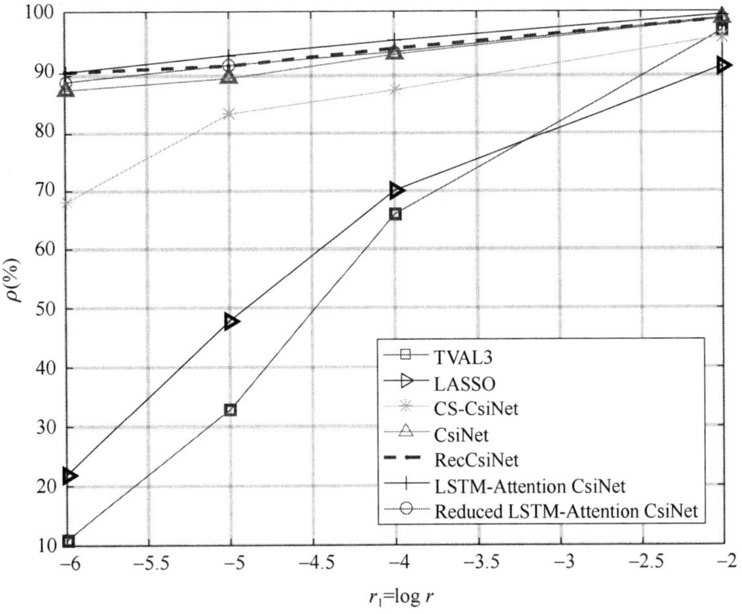

图 9-13 LSTM-Attention CsiNet、Reduced LSTM-Attention CsiNet 与主流算法的余弦相似度性能的比较(在室内条件下)

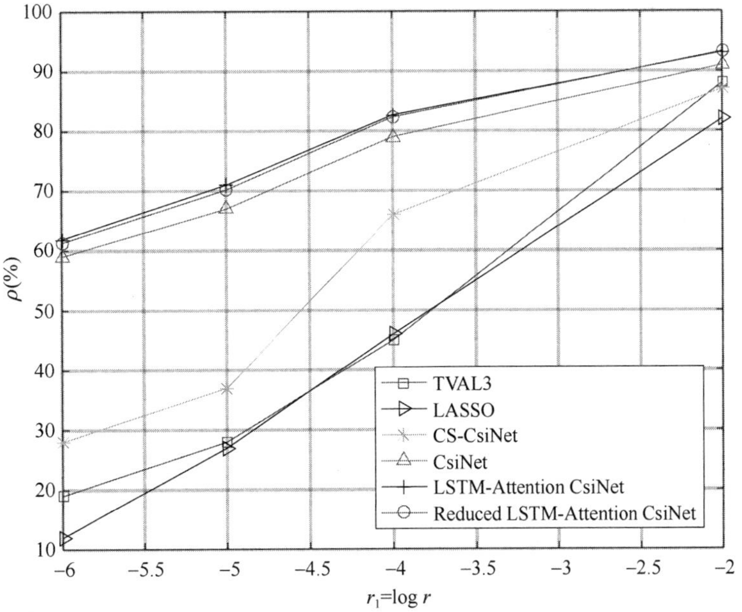

图 9-14 LSTM-Attention CsiNet、Reduced LSTM-Attention CsiNet 与主流算法的余弦相似度性能的比较(在室外条件下)

对于室内场景下，Reduced LSTM-Attention CsiNet 和 LSTM-Attention CsiNet 都优于其他的传统算法，且优于 CsiNet 1％～1.5％。对于室外环境下，同样有较好的效果。由于从信道矩阵中提取的特征被 FCN 压缩到一个较低的维数，Reduced LSTM-Attention 与 LSTM-Attention CsiNet 相比会带来一些信息损失。M 越大，码率越大，CSI 反馈精度越好。

9.8 复杂度分析

从上述推论与分析可知，所提信道反馈算法 LSTM-Attention CsiNet 的良好性能依赖于一系列的训练参数，包含权重和偏置。这些参数主要来自压缩和解压缩模块。然而，大量的训练参数将会增加反馈网络的复杂性。在 LSTM-Attention 网络中，LSTM 模块中 $\boldsymbol{W}_x$、$\boldsymbol{W}_y$ 和 $\boldsymbol{b}$ 的个数分别为 $N_{\text{In}}\times N_{\text{lstm}}$、$N_{\text{In}}\times N_{\text{In}}$ 和 N_{In}，注意力机制的训练参数个数为 $M^2\times M$，其中 N_{In} 为 LSTM 输入维度，N_{lstm} 为 LSTM 单元个数。在 FCN 模块中，FCN 中的训练参数个数为 $NM+M$。对于 Reduced LSTM-Attention CsiNet 网络结构，LSTM 模块中 $\boldsymbol{W}_x$、$\boldsymbol{W}_y$ 和 $\boldsymbol{b}$ 的个数分别为 $N_{\text{In}}\times N_{\text{lstm}}$、$N_{\text{In}}\times N_{\text{In}}$ 和 N_{In}，注意力机制的训练参数个数为 $\left(\frac{M}{N_{\text{In}}}\right)^2\times\frac{M}{N_{\text{In}}}$，FCN 中的训练参数个数为 $NM+M$。总之，训练参数的不同主要来源于注意力机制。

将 CsiNet、LSTM-Attention CsiNet、Reduced LSTM-Attention CsiNet 三种算法中所需要的训练参数个数和信道反馈所需的时间进行统计，如表 9-3 所示。可以看出，训练参数越少，神经网络越简单，信道状态信息反馈越快。LSTM-Attention CsiNet 和 Reduced LSTM-Attention CsiNet 利用 LSTM 单元选择性记忆信息和学习时间相关，然后采用注意机制将 LSTM 单元的决策过程可视化，直接计算软对齐，提高了信道矩阵的重构精度。FCN 将向量的大小从 N 压缩到 M，导致一些特征信息的丢失，所以轻量级网络 Reduced LSTM-Attention CsiNet 的性能不如 LSTM-Attention CsiNet。

表 9-3　几种算法的参数个数和运行时间对比

编码率	CsiNet		LSTM-Attention CsiNet		Reduced LSTM-Attention CsiNet	
	参数个数	Δt	参数个数	Δt	参数个数	Δt
1/4	2 103 904	0.000 1	10 247 148	0.008	2 924 912	0.004
1/16	530 656	0.000 1	7 484 688	0.008	582 704	0.001
1/32	268 448	0.000 1	7 024 272	0.008	281 936	0.000 7
1/64	137 344	0.000 1	6 794 064	0.008	141 152	0.000 5

9.9 本章小结

本章针对 FDD 大规模 MIMO 系统，研究了基于时间相关的 CSI 自动编译码反馈算法。针对传统的基于码本和压缩感知的 CSI 反馈算法效率低、复杂度高的问题，提出了一种基于 LSTM-Attention CsiNet 的 FDD 大规模 MIMO 信道状态信息反馈算法，该算法是一种基于深度学习的自编码-解码器机制，算法在大量数据集的基础上，通过 LSTM 的选择性记忆挖掘时间相关性，通过注意力机制的自动加权将更多的注意力分配到重要的特征信息上，然后学习 CSI 特征信息，提高了信道矩阵恢复的准确性。此外，为了降低 CSI 反馈网络的复杂度，本节提出了 Reduced LSTM-Attention CsiNet 算法，该算法利用 FCN 将特征向量从 N 维变换为 M 维，减少训练参数的数量，降低网络的复杂度，从而加快 CSI 反馈的速度。

参考文献

[1] Adachi F, Kudoh E. New Direction of Broadband Wireless Technology[J]. Wireless Communications and Mobile Computing, 2007, 7(8): 969-983.

[2] Sendonaris A, Erkip E, Aazhang B. User Cooperation Diversity. Part L System Description[J]. IEEE Trans. Commun, 2003, 51 (11):1927-1938.

[3] Sendonaris A, Erkip E, Aazhang B. User Cooperation Diversity. Part II. Implementation Aspects and Performance Analysis[J]. IEEE Trans. Commun, 2003, 51(11): 1939-1948.

[4] Laneman J N, Wornell G W. Distributed Space-Time-Coded Protocols for Exploiting Cooperative Diversity in Wireless Networks[J]. IEEE Transactions on Information Theory, 2003, 49(10): 2415-2425.

[5] Laneman J N, Tse D N C, Wornell G W. Cooperative Diversity in Wireless Networks: Efficient Protocols and Outage Behavior[J]. IEEE Transactions on Information Theory, 2004, 50(12): 3062-3080.

[6] Gao F, Cui T, Nallanathan A. On Channel Estimation and Optimal Training Design for Amplify and Forward Relay Networks[J]. IEEE Transactions on Wireless Communications, 2008, 7(5): 1907-1916.

[7] Kim K, Kim H, Park H. OFDM Channel Estimation for the Amply-and-Forward Cooperative Channel[C]. IEEE 65th. VTC Vehicular Technology Conference, 2007:1642-1646.

[8] Tellambura C. Cooperative OFDM Channel Estimation in the Presence of Frequency Offsets [J]. IEEE Transactions on Vehicular Technology, 2009, 58(7):3447-3459.

[9] Bajwa W U, Sayeed A, Nowak R. Sparse Multipath Channels: Modeling and Estimation [C]. Proc. 13th IEEE Digital Signal Processing Workshop, (Marco Island, FL):1-6.

[10] Bajwa W U, Haupt J, Sayeed A M, et al. Compressed Channel Sensing: a New Approach to Estimating Sparse Multipath Channels[J]. Proceedings of the IEEE, 2010, 98(6):1058-1076.

[11] Candes E J, Romberg J, Tao T. Robust Uncertainty Principles: Exact Signal Reconstruction from Highly Incomplete Frequency Information [J]. IEEE

Transactions on Information Theory, 2006, 52(2): 489-509.

[12] Donoho D L. Compressed Sensing[J]. IEEE Transactions on Information Theory, 2006, 52(4):1289-1306.

[13] Baraniuk R. Compressive Sensing[J]. IEEE Signal Process, 2007, 24(4):118-121.

[14] Sayeed A M. Deconstructing Multi-Antenna Fading Channels[J]. IEEE Transactions on Signal Processing, 2002, 50(10): 2563-2579.

[15] Gao F, Cui T,Nallanathan A. Optimal Training Design for Channel Estimation in Decode-and-Forward Relay Networks with Individual and Total Power Constraints [J]. IEEE Transactions on Signal Processing, 2008, 56(12): 5937-5949.

[16] Gao F, Zhang R, Liang Y C. Optimal Channel Estimation and Training Design for Two-Way Relay Networks[J]. IEEE Transactions on Communications, 2009, 57 (10): 3024-3033.

[17] Gao F, Zhang R, Liang Y C, et al. Channel Estimation for OFDM Modulated Two-Way Relay Networks[J]. IEEE Transactions On Signal Processing, 2009, 57 (11):4443-4455.

[18] Pham T, Liang Y, Garg H K, et al. Joint Channel Estimation and Data Detection for MIMO-OFDM Two-Way Relay Networks[J]. IEEE Global Telecommunication Conference (GLOBECOM 2010), Miami, Florida, USA, 2010: 6-10.

[19] Rong Y, Khandaker M R A, Xiang Y. Channel Estimation of Dual-Hop MIMO Relay System via Parallel Factor Analysis[J]. IEEE Transactions on Wireless Communications, 2012, 11(6): 2224-2233.

[20] Xu X, Wu J, Ren S, et al. Superimposed Training-Based Channel Estimation for MIMO Relay Networks[J]. International Journal of Antennas and Propagation, 2012: 1-11.

[21] Sun S, Jing Y. Channel Training and Estimation in Distributed Space-Time Coded Relay Networks with Multiple Transmit/Receive Antennas[C]. Proc. of IEEE WCNC, May 2010.

[22] Sun S, Jing Y. Channel Training Design in Amplify-and-Forward MIMO Relay Networks[J]. IEEE Transactions on Wireless Communications, 2011, 10(10): 3380-3391.

[23] Abdallah S, Psaromiligkos I. Blind Channel Estimation for Amplify-and-Forward Two-Way Relay Networks Employing M-PSK Modulation[J]. IEEE Transactions on Signal Processing, 2012, 60(7):1-19,26.

[24] Abdallah S, Psaromiligkos I. EM-Based Semi-Blind Channel Estimation in Amplify-and-

Forward Two-Way Relay Networks[J]. IEEE Wireless Communications Letters, 2013(99): 1-4.

[25] Shane F Cotter, Bhaskar D Rao. Sparse Channel Estimation via Matching Pursuit with Application to Equalization[J]. IEEE transactions on communications, 2002, 50(3):374-377.

[26] Gui G, Wan Q, Huang A, et al. Sparse Multipath Channel Estimation Using Dantzig Selector Algorithm [C]. 12th International Symposium on Wireless Personal Multimedia Communications, 2009: 8-11.

[27] Gui G, Liu C, Wu H, et al. Sparse Multipath Channel Estimation Using Regularized Orthogonal Matching Algorithm[C]. ICCDA 2011, Xi'an, Shaanxi, China, 2011: 1-4.

[28] Gui G, Wan Q, Peng W. Fast Compressed Sensing-Based Sparse Multipath Channel Estimation with Smooth L0 Algorithm[C]. CMC2011, 2011: 1-4.

[29] Gui G, Wan Q, Huang A M, et al. Partial Sparse Multi-Path Channel Estimation Using l_1-Regularized LS Algorithm[C]. TENCON, 2008: 2-5.

[30] Bajwa W U, Sayeed A, Nowak R. Compressed Sensing of Wireless Channels in Time, Frequency, and Space[C]. Proceeding 42nd Asilomar Conference Signals, Systems, and Computers, 2008: 1-5.

[31] Taubock G, Hlawatsch F. Compressed Sensing Based Estimation of Doubly Selective Channel Using a Sparsity-Optimized Basis Expansion[C]. European Signal Processing Conference, 2008(6):1-5.

[32] Taubock G, Hlawatsch F. A Compressed Sensing Technique for OFDM Channel Estimation in Mobile Environments: Exploiting channel sparsity for reducing pilots [C]. 2008 IEEE International Conference on Acoustics, Speech and Signal Processing, 2008, 3:2885-2888.

[33] Eiwen D, Tauböck G, Hlawatsch F, et al. Compressive Tracking of Doubly Selective Channels in Multicarrier Systems Based on Sequential Delay-Doppler Sparsity[C]. IEEE International Conference on Acoustics, Speech and Signal Processing (ICASSP), 2011: 1-4.

[34] Taubock G, Hlawatsch F, Eiwen D, et al. Compressive Estimation of Doubly Selective Channels in Multicarrier Systems: Leakage Effects and Sparsity-Enhancing Processing [J]. IEEE Journal of Selected Topics in Signal Processing, 2010, 4(2): 255-271.

[35] Bajwa W U. New Information Processing Theory and Methods for Exploiting Sparsity in Wireless Systems[D]. University of Wisconsin-Madison, Madison, WI, 2009.

[36] Donoho D L. Neighborly Polytopes and Sparse Solution of Underdetermined Linear

Equations[J]. IEEE Transactions on information Theory, 2012, 58(2): 1094-1121.

[37] Gui Guan, Wan Qun, Adachi Fumiyuki. Compressed Channel Sensing for Two-Way Relay Network[J]. IEICE RCS2011, 110(251):19-24.

[38] Gui G, Wan Q, Adachi F. Compressed Channel Estimation of Two-Way Relay Networks Using Mixed-Norm Sparse Constraint[J]. Research Journal of Applied Sciences, Engineering and Technology, 2012, 4(15): 2279-2282.

[39] Zhang A H, Gui G, Yang S Y. Compressive Channel Estimation for OFDM Cooperation Networks[J]. Journal of applied sciences, 2012, 4(08):897-901.

[40] 袁文文,郑宝玉,岳文静. 基于压缩感知技术的双向中继信道估计[J]. 信号处理,2012,28(1):33-38.

[41] 肖小潮,王臣昊,郑宝玉. 多普勒域上稀疏的双向中继信道估计[J]. 信号处理,2012,28(5):718-722.

[42] Zhang A, Yang S, Gui G. Sparse Channel Estimation for MIMO-OFDM Two-Way Relay Network with Compressed Sensing[J]. International Journal of Antennas and Propagation, 2013, 2013(1):72-81.

[43] Zhang A H, Gui G, Yang S Y. Compressed Channel Estimation for MIMO Amplify-and-Forward Relay Networks [C]. The 2nd IEEE/CIC International Conference on Communications in China (ICCC), Xian, 12-14 August 2013.

[44] Candès E J, Wakin M B. An Introduction to Compressive Sampling[J]. IEEE Signal Process, 2008, 25(2): 21-30.

[45] Chartrand R. Introduction to the Issue on Compressive Sensing[J]. IEEE J. Selected Topics Signal Process, 2010, 4(2):241-243.

[46] Tropp J A, Laska J N, Duarte M F, et al. Beyond Nyquist: Efficient Sampling of Sparse Bandlimited Signals[J]. IEEE Transactions on Information Theory, 2010, 56(1): 520-544.

[47] Baraniuk R G. More is Less: Signal Processing and The Data Deluge[J]. Science, 2011, 331(2011): 717-719.

[48] Donoho D L, Elad M. Optimally Sparse Representation in General Dictionaries via L Minimization[C]. Proceedings of the National Academy of Sciences of the United States of America, 2003, 100(5): 2197-2202.

[49] Candes E J. The Restricted Isometry Property and its Implications for Compressed Sensing[J]. Comptes Rendus Mathematique, 2008, 346(9-10): 589-592.

[50] Donoho D L, Huo X. Uncertainty Principles and Ideal Atomic Decomposition[J].

IEEE Transactions on Information Theory, 2001, 47(7): 2845-2862.

[51] Donoho D L, Elad M, Temlyakov V N. Stable Recovery of Sparse over Complete Representations in the Presence of Noise[J]. IEEE Transactions on Information Theory, 2006, 52(1): 6-18.

[52] Chen S S, Donoho D L, Saunders M A. Atomic Decomposition by Basis Pursuit [J]. Scientific Comp, 1999, 20(1):33-61.

[53] Tibshirani R. Regression Shrinkage and Selection via the Lasso[J]. Journal of the Royal Statistical Society (B), 1996, 58(1): 267-288.

[54] Candès E J, Tao T. Rejoinder: the Dantzig Selector: Statistical Estimation when P is much Larger Thann[J]. Annals of Statistics, 2007, 35:2392-2404.

[55] Candès E J, Boyd S P. Enhancing Sparsity by Reweighted l_1 Minimization[J]. Journal of Fourier analysis Applications, 2008, 14(5-6):877-905.

[56] Chen S B, Donoho D L, Saunders M A. Atomic Decomposition by Basis Pursuit [J]. SIAM Journal on Scientific Computing, 1998, 20(1): 33-61.

[57] Figueiredo M A T, Nowak R D, Wright S J. Gradient Projection for Sparse Reconstruction: Application to Compressed Sensing and other Inverse Problems [J]. IEEE Journal of Selected Topics in Signal Processing, 2007, 1(4):586-597.

[58] Mallat S G, Zhang Z. Matching Pursuit with Time-Frequency Dictionaries[J]. IEEE Transactions on Signal Processing, 1993, 41(12): 3397-3415.

[59] Pati Y C, Rezaiifar R, Krishnaprasad P S. Orthogonal Matching Pursuit: Recursive Function Approximation with Applications to Wavelet Decomposition[C]. In Proceedings of 27th Asilomar Conference on Signals, Systems and Computers, 1993: 1-5.

[60] Needell B D, Tropp J A. CoSaMP: Iterative Signal Recovery from Incomplete and Inaccurate Samples[J]. Applied and Computational Harmonic Analysis, 2009, 26 (3): 301-321.

[61] Blumensath T. Iterative Hard Thresholding[R]. Theory and Practice. University of Edinburgh, 2009.

[62] Dai W, Milenkovic O. Subspace Pursuit for Compressive Sensing Signal[J]. IEEE Transactions on Information Theory, 2009, 55(5): 2230-2249.

[63] Blumensath T, Davies M E. Iterative Hard Thresholding for Compressed Sensing [J]. Applied and Computational Harmonic Analysis, 2009, 27(3): 265-274.

[64] Donoho D L, Montanari A. Message Passing Algorithms for Compressed Sensing [C]. Proceedings National Academy of the Sciences, 2009, 106(45): 18914-18919.

[65] Cevher V. Accelerated Hard Thresholding Methods for Sparse Approximation[R].

Ecole Poly technique Federale de Lausanne, 2011.

[66] Baraniuk R G, Cevher V, Duarte M F, et al. Model-Based Compressive Sensing [J]. IEEE Transactions on Information Theory, 2010, 56(4):1982-2001.

[67] 石光明,刘丹华,高大化,等. 压缩感知理论及其研究进展[J]. 电子学报,2009,37(5):1070-1081.

[68] 代琼海,付长军,季向阳. 压缩感知研究[J]. 计算机学报,2011,34(3):425-434.

[69] 贺亚鹏,王克让,张劲东,等. 基于压缩感知的伪随机多相码连续波雷达[J]. 电子与信息学报,2011,33(2):418-423.

[70] 刘记红,徐少坤,高勋章,等. 基于随机卷积的压缩感知雷达成像[J]. 系统工程与电子技术,2011,33(7):1485-1490.

[71] 田京京,孙彪. 压缩感知在 MIMO 雷达目标测量中的应用[J]. 电子测量技术,2010,33(11):32-35.

[72] 臧博,张磊,唐禹,等. 利用压缩感知的逆合成孔径激光雷达成像新方法[J]. 西安电子科技大学学报,2010,37(6):1027-1032.

[73] 屈乐乐,方广有,杨天虹. 压缩感知理论在频率步进探地雷达偏移成像中的应用[J]. 电子与信息学报,2011,33(1):21-26.

[74] 王伟伟,廖桂生,吴孙勇,等. 基于小波稀疏表示的压缩感知 SAR 成像算法研究[J]. 电子与信息学报,2011,33(6):1441-1447.

[75] Jiang H, Lin Y G, Zhang B C, et al. Random Noise Imaging Radar Based on Compressed Sensing[J]. Journal of Electronics & Information Technology, 2011, 33(3): 672-676.

[76] 寇波,江海,刘磊, 等. 基于压缩感知的 SAR 抑制旁瓣技术研究[J]. 电子与信息学报,2011,32(12):3022-3026.

[77] 全英汇,张磊,刘亚波, 等. 利用压缩感知的短孔径高分辨 ISAR 成像方法[J]. 西安电子科大学学报,2010,37(6):1022-1026.

[78] 郭海燕,杨震. 基于近似 KLT 域的语音信号压缩感知[J]. 电子与信息学报,2009,31(12):2049-2053.

[79] 余丰,吴尘. 基于压缩感知的稀疏线性预测语音编码[J]. 信息化研究,2011,37(2):56-58.

[80] 叶蕾,郭海燕,杨震. 基于压缩感知重构信号的说话人识别系统抗噪方法研究[J]. 信号处理,2010,26(3):321-327.

[81] 叶蕾,杨震. 基于压缩感知的语音压缩与重构[J]. 南京邮电大学学报(自然科学版),2010,30(4):57-60.

[82] 孙林慧, 杨震, 叶蕾. 基于自适应多尺度压缩感知的语音压缩与重构[J]. 电子学

报，2011,39(1):40-45.

[83] 季云云，杨震. 基于主分量分析的语音信号压缩感知[J]. 信号处理,2011,27(7):1057-1062.

[84] 刘亚新,赵瑞珍,胡绍海，等. 用于压缩感知信号重建的正则化自适应匹配追踪算法[J]. 电子与信息学报,2010,32(11):2713-2717.

[85] 练秋生,肖莹. 基于小波树结构和迭代收缩的图像压缩感知算法研究[J]. 电子与信息学报,2011,33(4):967-971.

[86] Do T T,Lu G,Nguyen N,et al. Sparsity Adaptive Matching Pursuit Algorithm for Practical Compressed Sensing[C]. Proc Asilomar Conference on Signals,Systems and Computers,Pacific Grove, California, 2008, 10: 581-587.

[87] Iwen M, Tewfik A. Adaptive Compressed Sensing for Sparse Signals in Noise[C]. IEEE Conference Record of the Forty Fifth Asilomar Conference on Signals, Systems and Computers, 2011.

[88] Ioannis Kyriakides. Adaptive Compressive Sensing and Processing of Delay-Doppler Radar Waveforms[J]. IEEE Transactions on Signal Processing, 2012, 60(2): 730-739.

[89] Cover T, GamalA E. Capacity Theorems for the Relay Channel[J]. IEEE Transactions on Information Theory, 1979, 25(5):572-584.

[90] 丘广晖.无线通信网中协同分集技术和协议的设计与仿真[D]. 北京:北京邮电大学，2007.

[91] 曹文魁. 基于 OFDM 协同通信系统的信道估计技术研究[D]. 郑州:解放军信息工程大学,2012.

[92] 李军. 协同通信系统性能和功率分配研究[D]. 北京:北京邮电大学，2011.

[93] Kotecha J H, Sayeed M. Transmit Signal Design for Optimal Estimation of Correlated MIMO Channels[J]. IEEE Transactions on Signal Processing, 2004, 52(2): 546-557.

[94] Sayeed A M. Fundamental Dependencies in Angle-Delay-Doppler in Wireless Channels[C]. IEEE International Conference on Acoustics, Speech, and Signal Processing (ICASSP), 2004, 3(1):1-5.

[95] Katz M D, Fitzek F H P. Cooperation in 4G Networks: in Cooperation in Wireless Networks. Principles and Applications[M]. Springer, 2006.

[96] Wyne S, Czink N, Karedal J, et al. A Cluster-Based Analysis of Outdoor-to-Indoor Office MIMO Measurements at 5. 2 GHz[C]. IEEE Vehicular Technology Conference, 2006: 1-5.

[97] 任立刚，宋梅，乔强国，等. MIMO＋OFDM：新一代移动通信核心技术[J]. 中国

数据通信，2003(10)：102-105.

[98] Czink N，Yin X，OZcelik H，et al. Cluster Characteristics in a MIMO Indoor Propagation Environment[J]. IEEE Transactions on Wireless Communications，2007，6(4):1465-1475.

[99] 俞晓帆，赵春明. 基于多中继导频频分复用的协同通信系统信道估计算法[J]. 信号处理，2010，26(4)：588-595.

[100] 王文博,郑侃. 宽带无线通信 OFDM 技术[M]. 北京:人民邮电出版社,2007.

[101] Gray R M. Toeplitz and Circulant Matrices：A Review[J]. Communication and Information Theoy，2006，2(3):155-239.

[102] Telatar I E. Capacity of Multi-Antenna Gaussian Channels[J]. Europ. Trans. Telecommu，1999，10(6):585-595.

[103] Foschini G J. Layered Space-Time Architecture for Wireless Communication in a Fading Environment when Using Multi-Element Antennas[J]. Wireless personal communications，1996，1(2)：41-59.

[104] Foschini G J，Gans M J. On Limits of Wireless Communications in A Fading Environment when Using Multiple Antennas [J]. Wireless personal communications，1998，6(3):311-335.

[105] 李芸. MIMO-OFDM 系统信道估计与信号检测优化技术研究[D]. 杭州:浙江大学,2011.

[106] Fan Y J，Thompson J. MIMO Configuration for Relay Channels：Theory and Practice[J]. IEEE. Sel. Areas Commun，2007，6(07)：1774-1786.

[107] Kanakis T，Rapajic T B. Relaying MIMO Channel Capacity with Imperfect Channel Knowledge at the Receiver[C]. IEEE Mobile WiMAX Symposium，2007：25-29，80,84.

[108] Melda Yuksel，Elza Erkip. Multiple-Antenna Cooperative Wireless Systems：a Diversity-Multiplexing Tradeoff Perspective[J]. IEEE Trans. Inf. Theory，2007，53(10)：3371-3393.

[109] Seyfi M，Muhaidat S，Liang J. Amplify-and-Forward Selection Cooperation with Channel Estimation Error [C]. 2010 IEEE Global Telecommunications Conference，2010:1-6.

[110] Fang Z，Shi J. Least Square Channel Estimation for Two-Way Relay MIMO-OFDM Systems[J]. ETRI Journal，2011，33(5)：806-809.

[111] 方红,杨海蓉. 基于压缩感知的后退型自适应匹配追踪算法[J]. 计算机工程与应用，2012，48(9)：165-167.

[112] Sun G, Zhou Y, Wang Z, et al. Sparsity Adaptive Compressive Sampling Matching Pursuit Algorithm Based on Compressive Sensing [J]. Journal of Computational Information Systems, 2012, 8(7):2883-2890.

[113] Haykin S. Adaptive Filter Theory[M]. 4nd ed. London: Prentice Hall, 2001.

[114] Gu Y, Chen Y, Tang K. Network Echo Canceller with Active taps Stochastic Localization[C]. Proceeding of ISCIT, Beijing, China, 2005: 538-541.

[115] Blicu R C, Kuosmanen P, Egiazarian K. A New Variable Length LMS Algorithm: Theoretical Analysis and Implementations[J]. Electronics, Circuits and Systems, 2002, 3: 1031-1034.

[116] Gu Y, Tang K, Cui H. LMS Algorithm with Gradient Descent Filter Length[J]. IEEE Signal Processing Letters, 2004, 11(3): 305-307.

[117] Kalouptsidis N, Mileounis G, Babadi B, et al. Adaptive Algorithms for Sparse Nonlinear Channel Estimation[C]. IEEE/SP 15th Workshop on Statistical Signal Processing, 2009: 221-224.

[118] Deng Q X, Machado R G, Klein A G. Adaptive Channel Estimation in Decode and Forward Relay Networks[C]. 46th Annual Conference on Information Sciences and Systems (CISS), 2012:1, 6, 21-23.

[119] 金坚，谷源涛，梅顺良. 用于稀疏系统辨识的零吸引最小均方算法[J]. 清华大学学报（自然科学版），2010，50(10)：1656-1659.

[120] Yilun Chen, Yuantao Gu, Alfred O. Sparse LMS for System Identification[C]. IEEE International Conference on Acoustics, Speech and Signal Processing (ICASSP), 2009: 3125-3128.

[121] Seyfi M, Muhaidat S, Liang J. Capacity of Selection Cooperation with Channel Estimation Errors[C]// Communications. IEEE Xplore, 2010: 361-364.

[122] 张爱华，李春雷，桂冠. 基于压缩感知的协同 OFDM 稀疏信道估计方法[J]. 计算机应用，2014，34(1)：13-17.

[123] Gao Z, Dai L, Han S, et al. Compressive Sensing Techniques for Next-Generation Wireless Communications[J]. IEEE Wireless Communications, 2018, 25(3): 144-153.

[124] Hu C, Dai L, Mir T, et al. Super-Resolution Channel Estimation for mmwave Massive MIMO with Hybrid Precoding [J]. IEEE Transactions on Vehicular Technology, 2018, 67(9): 8954- 8958.

[125] 李子高，李淑秋，闻疏琳. 一种改进的正交匹配追踪的 DOA 估计方法[J]. 测控技术，2017 (01)：32-36+41.

[126] 张凯，薛伦生，陈西宏，等. 基于压缩感知的 OQAM/OFDM 系统 POP 方法信道

估计[J]. 测控技术，2017，36(12)：38-43.

[127] Tropp J A，Gilbert A C. Signal Recovery from Random Measurements via Orthogonal Matching Pursuit[J]. IEEE Transactions on Information Theory，2007，53(12)：4655-4666.

[128] Needell D，Tropp J. CoSaMP：Iterative Signal Recovery from Incomplete and Inaccurate Samples [J]. Communications of the ACM，2010，53(12)：93-100.

[129] Hong X,Gao J，Chen S. Zero-Attracting Recursive Least Squares Algorithms [J]. IEEE Transactions on Vehicular Technology，2017，66(1)：213-221.

[130] Selesnick I. Sparse Regularization via Convex Analysis[J]. IEEE Transactions on Signal Processing，2017，65(17)：4481-4494.

[131] Shen X，Gu Y. Nonconvex Sparse Logistic Regression with Weakly Convex Regularization [J]. IEEE Transaction on Signal Processing，2018，66(12)：3199-3211.

[132] Gao F，Jiang B，Gao X，et al. Superimposed Training Based Channel Estimation for OFDM Modulated Amplify-and-Forward Relay Networks [J]. IEEE Transactions on Communications，2011，59(7)：2029-2039.

[133] 张平，牛凯，田辉，等. 6G 移动通信技术展望[J]. 通信学报，2019，40(01)：141-148.

[134] You X H，Wang D M，Sheng B，et al. Cooperative Distributed Antenna Systems for Mobile Communications Coordinated and Distributed MIMO[J]. IEEE Wireless Communications，2010，17(3)：35-43.

[135] 魏克军，胡泊. 6G 愿景需求及技术趋势展望[J]. 电信科学，2020，36(02)：126-129.

[136] 陈亮，余少华. 6G 移动通信发展趋势初探(特邀)[J]. 光通信研究，2019(04)：1-8.

[137] 刘毅. 5G 技术在 4G 网络中应用的前景探讨[J]. 现代信息科技，2019，3(22)：73-74.

[138] 林云. MIMO 技术原理与应用[M]. 北京：人民邮电出版社，2010.

[139] Li Deng，Dong Yu. Deep Learning：Methods and Applications[M]. Now Publishers Inc.，2014.

[140] He K，Zhang X，Ren S，et al. Deep Residual Learning for Image Recognition[C]. IEEE Conference on Computer Vision & Pattern Recognition，2016：770-778.

[141] Nugroho K，Noersasongko E，Purwanto H，et al. Javanese Gender Speech Recognition Using Deep Learning And Singular Value Decomposition [C]. 2019 International Seminar on Application for Technology of Information and Communication (iSemantic)，

Semarang, Indonesia, 2019: 251-254.

[142] Fahad S K A, Yahya A E. Inflectional Review of Deep Learning on Natural Language Processing[C]. 2018 International Conference on Smart Computing and Electronic Enterprise (ICSCEE), Shah Alam, 2018: 1-4.

[143] Oshea T, Hoydis J. An Introduction to Deep Learning for the Physical Layer[J]. IEEE Transactions on Cognitive Communications & Networking, 2017, 3(4): 563-575.

[144] Chen Y, Krishna T, Emer J S, et al. Eyeriss: an Energy-Efficient Reconfigurable Accelerator for Deep Convolutional Neural Networks[J]. IEEE Journal of Solid-State Circuits, 2017, 52(1): 127-138.

[145] Vanhoucke V, Mao M Z. Improving the Speed of Neural Networks on CPUs[J/OL]. Deep Learning and Unsupervised Feature Learning Workshop, NIPS, 2011. http://research. google. com/ pubs/ archive/37631. pdf.

[146] He H, Jin S, Wen C-K, et al. Model-Driven Deep Learning for Physical Layer Communications[J]. IEEE Wireless Communications, 2019, 26(5):77-83.

[147] Qin Z, Ye H, Li G Y, et al. Deep Learning in Physical Layer Communications [J]. IEEE Wireless Communications, 2019, 26(2):93-99.

[148] Wang T, Wen C K, Wang H, et al. Deep Learning for Wireless Physical Layer: Opportunities and Challenges[J]. 中国通信, 2017, 014(011): 92-111.

[149] He H, Wen C K, Jin S, et al. A Model-Driven Deep Learning Network for MIMO Detection[C]. 2018 IEEE Global Conference on Signal and Information Processing (GlobalSIP), Anaheim, CA, USA, 2018: 584-588.

[150] Sun H, Chen X, Shi Q, et al. Learning to Optimize: Training Deep Neural Networks for Wireless Resource Management[C]. IEEE 18th International Workshop on Signal Processing Advances in Wireless Communications (SPAWC), Sapporo, 2017: 1-6.

[151] Hornik K, Stinchcombe M, White H. Multilayer Feedforward Networks are Universal Approximations[J]. Neural Networks, 1989, 2(5): 359-366.

[152] Liu M, Song T, Gui G. Deep Cognitive Perspective: Resource Allocation for NOMA-Based Heterogeneous IoT with Imperfect SIC[J]. IEEE Internet of Things Journal, 2019, 6(2): 2885-2894.

[153] Hao, Huang, Wen C, et al. Unsupervised Learning-Based Fast Beamforming Design for Downlink MIMO[J]. IEEE Access, 2019, 7(1):7599-7605.

[154] Wen C K, Shih W T, Jin S. Deep Learning for Massive MIMO CSI Feedback[J]. IEEE Wireless Communications Letters, 2018, 7(5): 748-751.

[155] Wang T, Wen C K, Jin S, et al. Deep Learning-Based CSI Feedback Approach for Time- Varying Massive MIMO Channels[J]. IEEE Wireless Communications Letters, 2019, 8(2): 416-419.

[156] Cai Q, Dong C, Niu K. Attention Model for Massive MIMO CSI Compression Feedback and Recovery[C]. 2019 IEEE Wireless Communications and Networking Conference (WCNC), Marrakesh, Morocco, 2019: 1-5.

[157] Li Q, Zhang A P, Liu, et al. A Novel CSI Feedback Approach for Massive MIMO Using LSTM-attention CNN[J]. IEEE Access, 2020, 8: 7295-7302.

[158] Karra K, Kuzdeba S, Petersen J. Modulation Recognition Using Hierarchical Deep Neural Networks[C]. IEEE International Symposium on Dynamic Spectrum Access Networks (DySPAN), Piscataway, NJ, 2017: 1-3.

[159] Wu Y, Li X, Fang J. A Deep Learning Approach for Modulation Recognition via Exploiting Temporal Correlations[C]. IEEE 19th Int. Workshop Signal Process. Adv. Wireless Commun. (SPAWC), Maryland, MD, USA, Jun. 2018: 1-5.

[160] Gruber T,Cammerer S, Hoydis J, et al. On Deep Learning-Based Channel Decoding[C]. 51st Annu. Conf. Inf. Sci. Syst. (CISS), Maryland, MD, USA, Mar. 2017: 1-6.

[161] Liang F, Shen C, Wu F. An Iterative BP-CNN Architecture for Channel Decoding [J]. IEEE Journal of Selected Topics in Signal Processing, 2018, 12 (1): 144-159.

[162] Nachmani E, Marciano E, Lugosch L, et al. Deep Learning Methods for Improved Decoding of Linear Codes[J]. IEEE Journal of Selected Topics in Signal Processing, 2018, 12(1): 119-131.

[163] Cammerer S, Gruber T, Hoydis J, et al. Scaling Deep Learning-Based Decoding of Polar Codes via Partitioning[C]. 2017 IEEE Global Communications Conference, Singapore, 2017: 1-6.

[164] Ye H, Li G Y,Juang B. Power of Deep Learning for Channel Estimation and Signal Detection in OFDM Systems[J]. IEEE Wireless Communication Letters, 2018, 7(1): 114-117.

[165] Ma X, Ye H, Li Y. Learning Assisted Estimation for Time-Varying Channels [C]. 2018 15th International Symposium on Wireless Communication Systems (ISWCS), Lisbon, Portugal, Aug. 2018: 1-5.

[166] Wu M, Yin B, Wang G, et al. Large-scale MIMO Detection for 3GPP LTE: Algorithms and FPGA Implementations[J]. IEEE Journal of Selected Topics in Signal Processing, 2014, 8(5): 916-929.

[167] STUDER C, FATEH S, SEETHALER D. ASIC Implementation of Soft-Input Soft-Output MIMO Detection Using MMSE Parallel Interference Cancellation [J]. IEEE Journal of Solid-State Circuits, 2011, 46(7): 1754-1765.

[168] Samuel N, Diskin T, Wiesel A. Deep MIMO Detection[C]. 2017 IEEE 18th International Workshop on Signal Processing Advances in Wireless Communications (SPAWC). IEEE, 2017: 1-5.

[169] Samuel N, Diskin T, Wiesel A. Learning to Detect[J]. IEEE Transactions on Signal Processing, 2019, 67(10): 2554-2564.

[170] Gao Y, Niu H, Kaiser T. Massive MIMO Detection Based on Belief Propagation in Spatially Correlated Channels[C]. 11th International ITG Conference on Systems, Communications and Coding, Proceedings of VDE, 2017: 1-6.

[171] Kuo P H, Kung H T, Ting P A. Compressive Sensing Based Channel Feedback Protocols for Spatially-Correlated Massive Antenna Arrays[C]. IEEE Wireless Communications and Networking Conference (WCNC), Shanghai, 2012: 492-497.

[172] Lu C, Xu W, Shen H, et al. MIMO Channel Information Feedback Using Deep Recurrent Network[J]. IEEE Communications Letters, 2019, 23(1): 188-191.

[173] Andrea G. Wireless Communications [M]. 北京:人民邮电出版社, 2007.

[174] 郑沛聪. 基于深度学习的 MIMO 信号检测算法优化研究[D]. 哈尔滨:哈尔滨工业大学, 2019.

[175] Ian Goodfellow, Yoshua Bengio, Aaron Courville. Deep learning[M]. The MIT Press, 2016.

[176] 景小荣,李翱. 大规模 MIMO 系统中软输出信号检测方法[J]. 华中科技大学学报(自然科学版),2017,45(4):116-121.

[177] 左明阳, 陆彦辉,王宁, 等. 基于 NI USRP-RIO 平台的 MIMO-OFDM 信道估计研究与实现[J]. 现代电子技术,2017,40(21): 10-14.

[178] 崔超,贺光辉. 一种 8×8 MIMO 系统的近最优检测算法[J]. 信息技术,2019,1(3): 5-9.

[179] 申滨,赵书锋,金纯. 基于迭代并行干扰消除的低复杂度大规模 MIMO 信号检测算法[J]. 电子与信息学报,2018, 40(12): 2970-2978.

[180] Yang J, Song W, Zhang S, et al. Low-Complexity Belief Propagation Detection for Correlated Large-Scale MIMO Systems[J]. Journal of Signal Processing Systems, 2018, 90(4):585-599.

[181] Schmidhuber J. Deep Learning in Neural Networks: An Overview[J]. Neural networks, 2015, 61: 85-117.

[182] Srivastava N, Hinton G, Krizhevsky A, et al. Dropout: A Simple Way to Prevent Neural Networks from Overfitting [J]. The Journal of Machine Learning Research, 2014, 15(1): 1929-1958.

[183] Tan C, Lv S, Dong F, et al. Image Reconstruction Based on Convolutional Neural Network for Electrical Resistance Tomography[J]. IEEE Sensors Journal, 2019, 19(1): 196-204.

[184] Huang H, Guo S, Gui G, et al. Deep Learning for Physical-Layer 5G Wireless Techniques: Opportunities, Challenges and Solutions [J]. IEEE Wireless Communications, 2020, 27(1): 214-222.

[185] Chunguo L I, Yanshan L I, Song K, et al. Energy Efficient Design for Multiuser Downlink Energy and Uplink Information Transfer in 5G[J]. China Information Sciences, 2016, 59 (2): 1-8.

[186] Sung C K, Ahmad I, Lechner G, et al. Performance Analysis of Distributed Transmit Beamforming with Quantized Channel Feedback [C]. IEEE 89th Vehicular Technology Conference (VTC2019-Spring), Kuala Lumpur, Malaysia, 2019: 1-5.

[187] Hongji H, Jie Y, Yiwei S, et al. Deep Learning for Super-Resolution Channel Estimation and DOA Estimation Based Massive MIMO System [J]. IEEE Transactions on Vehicular Technology, 2018, 67 (9): 8549-8560.

[188] Wang J, Ding Y, Bian S, et al. UL-CSI Data Driven Deep Learning for Predicting DL-CSI in Cellular FDD Systems[J]. IEEE Access, 2019, 7(1): 1-10.

[189] Wenqian S, Linglong D, Byonghyo S, et al. Channel Feedback Based on AoD-Adaptive Subspace Codebook in FDD Massive MIMO Systems [J]. IEEE Transactions on Communications, 2018, 66(11): 5235-5248.

[190] Xiongbin, Rao, Vincent, et al. Distributed Compressive CSIT Estimation and Feedback for FDD Multi-User Massive MIMO Systems [J]. IEEE Transactions on Signal Processing, 2014, 62(12): 3261-3271.

[191] Daubechies I, Defrise M, De Mol C. An Iterative Thresholding Algorithm for Linear Inverse Problems with A Sparsity Constraint[J]. Communications on Pure & Applied Mathematics, 2010, 57(11): 1413-1457.

[192] Bang C J, Woohyuk C. A Message Passing Algorithm for Compressed Sensing in Wireless Random Access Networks [C]. 19th Asia Pacific Conference on Communications (APCC), Denpasar, 2013: 463-464.

[193] Chan S H, Khoshabeh R, Gibson K B, et al. An Augmented Lagrangian Method for Total Variation Video Restoration [J]. IEEE Transactions on Image

Processing A Publication of the IEEE Signal Processing Society, 2011, 20(11): 3097-4111.

[194] Metzler C A, Maleki A, Baraniuk R G. From Denoising to Compressed Sensing [J]. IEEE Transactions on Information Theory, 2016, 62(9): 5117-5144.

[195] Huang H, Song Y, Yang J, et al. Deep-Learning-Based Millimeter-Wave Massive MIMO for Hybrid Precoding[J]. IEEE Transactions on Vehicular Technology, 2019, 68(3): 3027-3032.

[196] Wang Y, Liu M, Yang J, et al. Data-Driven Deep Learning for Automatic Modulation Recognition in Cognitive Radios[J]. IEEE Transactions on Vehicular Technology, 2019, 68(4): 4074-4077.

[197] Karim F, Majumdar S, Darabi H, et al. LSTM Fully Convolutional Networks for Time Series Classification[J]. IEEE Access, 2018, 6(99):1662-1669.

[198] Bahdanau, D, Cho K, Bengio Y. Neural Machine Translation By Jointly Learning to Align and Translate[C]. International Conference on Learning Representations, San Diego, 2015.

[199] Liu L, Oestges C, Poutanen J, et al. The COST 2100 MIMO Channel Model[J]. IEEE Wireless Communications, 2012, 19(6): 92-99.

[200] Zhang A, Liu P, Ning B, et al. Reweighted l_p Constraint LMS-Based Adaptive Sparse Channel Estimation for Cooperative Communication System [J]. IET Communications, 2020, 14(9): 1384-1391.

[201] Zhang A H, Yang S Y, Li J J, et al. Sparsity Adaptive Expectation Maximization Algorithm for Estimating Channels in MIMO Cooperation Systems [J]. KSII Transactions on Internet and Information Systems, 2016, 10: 3498-3511.

[202] 周其玉，张爱华，曹文周，等. 平方根变步长 l_p 范数 LMS 算法的稀疏系统辨识[J]. 电讯技术，2020，60(2)：137-141.

[203] Cao W, Zhang A, Ning B, et al. Sparsity Adaptive Channel Estimation Based on the Log-Sum Constrained Least Mean Squares Algorithm[C]. IEEE 2nd International Conference on Information Communication and Signal Processing (ICICSP), Weihai, China, 2019:130-134.

[204] Li Q, Zhang A H, Li J J, et al. Soft Decision Signal Detection of MIMO System Based on Deep Neural Network [C]. 2020 5th International Conference on Computer and Communication Systems (ICCCS), Shanghai, 2020: 665-669.

[205] 赵亚军，郁光辉，徐汉青. 6G 移动通信网络：愿景、挑战与关键技术[J]. 中国科学：信息科学，2019，49(08)：963-987.

[206] Saad W, Bennis M, Chen M. A Vision of 6G Wireless Systems: Applications, Trends, Technologies, and Open Research Problems[J]. IEEE Network, 2020, 34(3): 134-142.

[207] Jian M, Gao F, Tian Z, et al. Angle-Domain Aided UL/DL Channel Estimation for WidebandmmWave Massive MIMO Systems With Beam Squint[J]. IEEE Transactions on Wireless Communications, 2019, 18(7): 3515-3527.

[208] Gao X, Dai L, Zhou S, et al. Wideband Beam space Channel Estimation for Millimeter-Wave MIMO Systems Relying on Lens Antenna Arrays[J]. IEEE Transactions on Signal Processing, 2019, 67(18): 4809-4824.

[209] Xu H, Kukshya V, Rappaport T S. Spatial and Temporal Characteristics of 60 GHz Indoor Channels[J]. IEEE Journal on Selected Areas in Communications, 2002, 20(3): 620-630.

[210] Wang M,Gao F, Jin S, et al. An Overview of Enhanced Massive MIMO with Array Signal Processing Techniques[J]. IEEE J. Sel. Topics Signal Process., 2019, 13(5): 886-901.

[211] MacCartney G R, Rappaport T S. 73 GHz Millimeter Wave Propagation Measurements for Outdoor Urban Mobile and Backhaul Communications in New York City[C]. 2014 IEEE International Conference on Communications (ICC), Sydney, NSW, 2014: 4862-4867.

[212] Rappaport T S,Maccartney G R, Samimi M K, et al. Wideband Millimeter-Wave Propagation Measurements and Channel Models for Future Wireless Communication System Design[J]. IEEE Transactions on Communications, 2015, 63(9): 3029-3056.

[213] Adhikary A, Al Safadi E, Samimi M K, et al. Joint Spatial Division and Multiplexing for Mm-Wave Channels[J]. IEEE Journal on Selected Areas in Communications, 2014, 32(6): 1239-1255.

[214] Adhikary A, Nam, et al. Joint Spatial Division and Multiplexing—the Large-Scale Array Regime[J]. IEEE Transactions on Information Theory, 2013, 59(10): 6441-6463.

[215] Nam J,Adhikary A, Ahn J Y, et al. Joint Spatial Division and Multiplexing: Opportunistic Beamforming, User Grouping and Simplified Downlink Scheduling [J]. IEEE Journal of Selected Topics in Signal Processing, 2017, 8(5): 876-890.

[216] Sun C,Gao X, Jin S, et al. Beam Division Multiple Access Transmission for Massive MIMO Communications[J]. IEEE Transactions on Communications, 2015, 63

(6)：2170-2184.

[217] Liu A, Lau V. Phase Only RF Precoding for Massive MIMO Systems With Limited RF Chains [J]. IEEE Transactions on Signal Processing, 2014, 62(17): 4505-4515.

[218] Alkhateeby A, Leusz G, Heath R W. Compressed Sensing Based Multi-User Millimeter Wave Systems: How Many Measurements Are Needed? [C]. IEEE International Conference on Acoustics, Apr. 2015: 2909-2913.

[219] Berraki D E, Armour S M D, Nix A R. Application of Compressive Sensing in Sparse Spatial Channel Recovery for Beamforming in MmWave Outdoor Systems [J]. IEEE WCNC, Istanbul, Turkey, Apr. 2014: 887-892.

[220] Nguyen S L H, Ghrayeb A. Compressive Sensing-Based Channel Estimation for Massive Multiuser MIMO Systems [C]. IEEE Wireless Communications & Networking Conference, Shanghai, China, 2013: 2890-2895.

[221] Tao J, Chen H, et al. Regularized Multipath Matching Pursuit for Sparse Channel Estimation in Millimeter Wave Massive MIMO System [J]. IEEE Wireless Communications Letters, 2019, 8(1): 169-172.

[222] Kwon S, Wang J, Shim B. Multipath Matching Pursuit[J]. IEEE Transactions on Information Theory It, 2013, 60(5): 2986-3001.

[223] Xie H, Gao F, Zhang S, et al. A Unified Transmission Strategy for TDD/FDD Massive MIMO Systems with Spatial Basis Expansion Model [J]. IEEE Transactions on Vehicular Technology, 2017, 66(4): 3170-3184.

[224] Zhang J, Podkurkov I, Haardt M, et al. Channel Estimation and Training Design for Hybrid Analog-Digital Multi-Carrier Single-User Massive MIMO Systems[C]. 20th Int. ITG Workshop Smart Antennas, Munich, Germany, Mar. 2016: 1-8.

[225] You L, Gao X, Swindlehurst A L, et al. Channel Acquisition For Massive MIMO-OFDM with Adjustable Phase Shift Pilots [J]. IEEE Transactions on Signal Processing, 2016, 64(6): 1461-1476.

[226] Liu S, Yang F, Ding W, et al. 2D Structured Compressed Sensing Based NBI Cancellation Exploiting Spatial and Temporal Correlations in MIMO Systems [J]. IEEE Transactions on Vehicular Technology, 2016, 65(11): 9020-9028.

[227] Wang B, Gao F, Jin S, et al. Spatial-and Frequency-Wideband Effects in Millimeter-Wave Massive MIMO Systems[J]. IEEE Transactions on Signal Processing, 2017, 64(6): 1461-1476.

[228] Wang B, Gao F, Jin S, et al. Spatial-Wideband Effect in Massive MIMO with Application in MmWave Systems[J]. IEEE Communications Magazine, 2018, 56

(12)：134-141.

[229] Wang M，Gao F，Flanagan M F，et al. A Block Sparsity Based Estimator for mm Wave Massive MIMO Channels with Beam Squint[J]. IEEE Transactions on Signal Processing，2019，68：49-64.

[230] Georgiadis A. Phased Array Antenna Handbook[M]. 3rd ed. Aeronautical Journal New Series，2018.

[231] Garakoui S K，Klumperink E A M，Nauta B，et al. Phased-Array Antenna Beam Squinting Related to Frequency Dependency of Delay Circuits[C]. Proc. Eur. Radar Conf.，Manchester，U. K.，2011：416-419.

[232] Ahmad W A，Lu J H，Kissinger D，et al. BeamSquinting in Wideband 60 GHz On-Board Series-Fed Differential Patch Arrays[C]. 2017 IEEE Asia Pacific Microwave Conference (APMC). Kuala Lumpar，Malaysia，2017：13-16.

[233] Mirzaei H，Eleftheriades G V. Eliminating Beam-Squinting in Wideband Linear Series-Fed Antenna Arrays Using Feed Networks Constructed by Slow-Wave Transmission Lines[J]. IEEE Antennas and Wireless Propagation Letters，2015，15：798-801.

[234] Ijaz B，Roy S，Masud M M，et al. A Series-Fed Microstrip Patch Array with Interconnecting CRLH Transmission Lines for WLAN Applications[C]. European Conference on Antennas & Propagation，Gothenburg，Sweden，2013：2088-2091.

[235] Ming C，Nicholas L，Bertrand H. Beamforming Codebook Compensation for Beam Squint with Channel Capacity Constraint[C]. IEEE International Symposium on Information Theory. Aachen，Germany，2017：76-80.

[236] Xie H，Gao F，Zhang S，et al. A Unified Transmission Strategy for TDD/FDD Massive MIMO Systems with Spatial Basis Expansion Model[J]. IEEE Transactions on Vehicular Technology，2017，66(4)：3170-3184.

[237] Fan D，Gao F，Wang G，et al. Angle Domain Signal Processing Aided Channel Estimation for Indoor 60GHz TDD/FDD Massive MIMO Systems[J]. IEEE Journal on Selected Areas in Communications，2017，35(9)：1948-1961.

[238] Chen J，Lau V K N. Two-Tier Precoding for FDD Multi-Cell Massive MIMO Time-Varying Interference Networks[J]. IEEE Journal on Selected Areas in Communications，2014，32(6)：1230-1238.

[239] Guvensen G M，Ayanoglu E. Beam space Aware Adaptive Channel Estimation for Single-Carrier Time-Varying Massive MIMO Channels[C]. 2017 IEEE International Conference on Communications(ICC)，May 2017：1-7.

[240] Jianwei Z, Weimin J, Weile Z, et al. Channel Tracking for Massive MIMO Systems with Spatial-Temporal Basis Expansion Model[C]. IEEE International Conference on Communications(ICC), May 2017:1-5.

[241] Zhang C,Guo D, Fan P. Tracking Angles of Departure and Arrival in A Mobile Millimeter Wave Channel [C]. 2016 IEEE International Conference on Communications(ICC), 2016: 1-6.

[242] Ma J, Zhang S, Li H,et al. Sparse Bayesian Learning for the Time-Varying Massive MIMO Channels: Acquisition and Tracking[J]. IEEE Transactions on Communications, 2019, 67(3): 1925-1938.

附　　录

附录 A　式(4-5)的证明

定义 $\boldsymbol{\Phi}_L(\tilde{\boldsymbol{x}})$为第一列是 $\tilde{\boldsymbol{x}}$ 的列循环矩阵,其阶数是 $N\times L$,$\boldsymbol{\Phi}_L(\tilde{\boldsymbol{x}})=\sqrt{N}\boldsymbol{F}^{\mathrm{H}}\widetilde{\boldsymbol{X}}\boldsymbol{F}_{[:,0:L-1]}$,其中,$\widetilde{\boldsymbol{X}}=\mathrm{diag}(\boldsymbol{F}\tilde{\boldsymbol{x}})$, $L=L_1+L_2-1$,式(4-4)可表示为

$$\begin{aligned}\boldsymbol{y}_{\mathrm{D}}&=\boldsymbol{F}^{\mathrm{H}}\alpha\Lambda_2\Lambda_1\boldsymbol{F}\tilde{\boldsymbol{x}}+\boldsymbol{n}\\&=\boldsymbol{\Phi}_L(\tilde{\boldsymbol{x}})[\alpha(\boldsymbol{h}_1*\boldsymbol{h}_2)]+\boldsymbol{n}\\&=\sqrt{N}\boldsymbol{F}^{\mathrm{H}}\widetilde{\boldsymbol{X}}\boldsymbol{F}_{[:,0:L-1]}\boldsymbol{h}+\boldsymbol{n}\end{aligned}\tag{A-1}$$

对式(A-1)的两端求傅里叶变换,可得

$$\begin{aligned}(\boldsymbol{I}\otimes\boldsymbol{F})\boldsymbol{y}_D&=\boldsymbol{F}\sqrt{N}\boldsymbol{F}^{\mathrm{H}}\widetilde{\boldsymbol{X}}\boldsymbol{F}_{[:,0:L-1]}\boldsymbol{h}+\boldsymbol{F}\boldsymbol{n}\\&=\boldsymbol{F}\boldsymbol{F}^{\mathrm{H}}\widetilde{\boldsymbol{X}}\sqrt{N}\boldsymbol{F}_{[:,0:L-1]}\boldsymbol{h}+\hat{\boldsymbol{n}}\\&=\widetilde{\boldsymbol{X}}\boldsymbol{W}\boldsymbol{h}+\hat{\boldsymbol{n}}\\&=\boldsymbol{X}\boldsymbol{h}+\hat{\boldsymbol{n}}\end{aligned}\tag{4-14}$$

其中,$\boldsymbol{h}\triangleq\alpha(\boldsymbol{h}_1*\boldsymbol{h}_2)$,$\boldsymbol{W}=\sqrt{N}\boldsymbol{F}_{[:,0:L-1]}$,$\boldsymbol{X}=\widetilde{\boldsymbol{X}}\boldsymbol{W}$。

附录 B　式(5-17)和式(5-18)的证明

本节推导信道状态信息与估计的信道状态信息之间的稳态均方偏差,并讨论保证算法收敛的迭代步长满足的条件。

定义 $\boldsymbol{D}(n)$为 $\boldsymbol{r}(n)$的方差

$$\boldsymbol{D}(n)=E[\boldsymbol{r}(n)\boldsymbol{r}^{\mathrm{T}}(n)]\tag{B-1}$$

对公式(5-10)的两侧乘以各自的转置,$\boldsymbol{D}(n)$的更新方程表示为

$$\begin{aligned}\boldsymbol{D}(n+1)=&[1-2\mu P_x+2\mu^2P_x^2]\cdot\boldsymbol{S}(n)+\\&\mu^2\sigma P_x^2\mathrm{tr}[\boldsymbol{S}(n)]\boldsymbol{I}+\end{aligned}$$

$$[1-\mu P_x]\rho E[\boldsymbol{r}(n)\boldsymbol{f}(\hat{\boldsymbol{h}}^{\mathrm{T}}(n))]+$$
$$[1-\mu P_x]\rho E[\boldsymbol{f}(\hat{\boldsymbol{h}}^{\mathrm{T}}(n)\boldsymbol{r}(n))]+$$
$$\rho^2 E[\boldsymbol{f}(\hat{\boldsymbol{h}}(n))\boldsymbol{f}(\hat{\boldsymbol{h}}^{\mathrm{T}}(n))]+\mu^2 P_v P_x \boldsymbol{I} \quad \text{(B-2)}$$

令 $S(n)=\mathrm{tr}[\boldsymbol{D}(n)]$，对式(B-2)两侧求迹，可得

$$\begin{aligned}S(n+1)=&[1-2\mu P_x+(L+2)\mu^2 P_x^2]S(n)+\\&2[1-\mu P_x]\rho c(n)+\\&\rho^2 q(n)+L\mu^2 P_v P_x\end{aligned} \quad \text{(B-3)}$$

其中，$c(n)=E[\boldsymbol{r}^{\mathrm{T}}(n)\boldsymbol{f}(\hat{h}(n))]$，$q(n)=\|\boldsymbol{f}(\hat{h}(n)\|_2^2$ 时，$c(n)$ 和 $q(n)$ 都是有界的，因此可以证明算法收敛的条件为

$$|1-2\mu P_x+(L+2)\mu^2 P_x|<1$$

使得式(B-3)收敛，只需满足以下条件：

$$0<\mu<\frac{2}{(L+2)P_x}$$

加权 l_p-LMS 算法平均偏差的极限值为

$$S(\infty)=\frac{2[1-\mu P_x]\gamma c(\infty)+\gamma^2\mu q(\infty)+L\mu P_v P_x}{P_x[2-(L+2)\mu P_x]} \quad \text{(B-4)}$$

附录 C　式(6-12)的证明

公式(6-11)的更新公式 $\boldsymbol{S}(n+1)$ 可展开为

$$\begin{aligned}\boldsymbol{S}(n+1)=&E[\boldsymbol{A\delta}(n)\boldsymbol{\delta}^{\mathrm{T}}(n)\boldsymbol{A}^{\mathrm{T}}]+E[A\boldsymbol{\delta}(n)\mu(n)v(n)\boldsymbol{x}^{\mathrm{T}}(n)]-\\&E[\boldsymbol{A\delta}(n)K(n)\boldsymbol{B}^{\mathrm{T}}]+E[\mu(n)v(n)\boldsymbol{x}(n)\boldsymbol{\delta}^{\mathrm{T}}(n)\boldsymbol{A}^{\mathrm{T}}]+\\&E[\mu^2(n)v^2(n)x(n)\boldsymbol{x}^{\mathrm{T}}(n)]-E[\mu(n)v(n)K(n)x(n)\boldsymbol{B}^{\mathrm{T}}]-\\&E[K(n)B\boldsymbol{\delta}^{\mathrm{T}}(n)\boldsymbol{A}^{\mathrm{T}}]-E[K(n)\mu(n)v(n)B\boldsymbol{x}^{\mathrm{T}}(n)]+\\&E[K^2(n)B\boldsymbol{B}^{\mathrm{T}}]\end{aligned} \quad \text{(C-1)}$$

式(C-1)等号右侧第一项 $E[\boldsymbol{A\delta}(n)\boldsymbol{\delta}^{\mathrm{T}}(n)\boldsymbol{A}^{\mathrm{T}}]$ 可表示为

$$\begin{aligned}E[\boldsymbol{A\delta}(n)\boldsymbol{\delta}^{\mathrm{T}}(n)\boldsymbol{A}^{\mathrm{T}}]=&E[\boldsymbol{\delta}(n)\boldsymbol{\delta}^{\mathrm{T}}(n)]-\\&E[\mu(n)\boldsymbol{x}(n)\boldsymbol{x}^{\mathrm{T}}(n)\boldsymbol{\delta}(n)\boldsymbol{\delta}^{\mathrm{T}}(n)]-\\&E[\mu(n)\boldsymbol{\delta}(n)\boldsymbol{\delta}^{\mathrm{T}}(n)\boldsymbol{x}(n)\boldsymbol{x}^{\mathrm{T}}(n)]+\\&E[\mu^2(n)x(n)\boldsymbol{x}^{\mathrm{T}}(n)\boldsymbol{\delta}(n)\boldsymbol{\delta}^{\mathrm{T}}(n)\boldsymbol{x}(n)\boldsymbol{x}^{\mathrm{T}}(n)]\\=&\boldsymbol{S}(n)-\mu(n)\boldsymbol{RS}(n)-\mu(n)\boldsymbol{S}(n)\boldsymbol{R}+\end{aligned}$$

$$E[\mu^2(n)x(n)\boldsymbol{x}^{\mathrm{T}}(n)\boldsymbol{\delta}(n)\boldsymbol{\delta}^{\mathrm{T}}(n)\boldsymbol{x}(n)\boldsymbol{x}^{\mathrm{T}}(n)] \tag{C-2}$$

为求解式(C-2)最后一项,特应用如下定理。

定理 I:若 $\boldsymbol{X}=(x_1x_2x_3x_4)^{\mathrm{T}}$ 服从联合高斯分布,且各分量的均值均为 0,则有

$$\begin{aligned}\boldsymbol{E}[x_1x_2x_3x_4]=&\boldsymbol{E}[x_1x_2]\boldsymbol{E}[x_3x_4]+\boldsymbol{E}[x_1x_3]\boldsymbol{E}[x_2x_4]+\\&\boldsymbol{E}[x_1x_4]\boldsymbol{E}[x_2x_3]\end{aligned} \tag{C-3}$$

对于 $E[x(n)\boldsymbol{x}^{\mathrm{T}}(n)\boldsymbol{\delta}(n)\boldsymbol{\delta}^{\mathrm{T}}(n)\boldsymbol{x}(n)\boldsymbol{x}^{\mathrm{T}}(n)]$,其第 ij 项由定理 I 可得

$$\begin{aligned}\sum_{p=0}^{N-1}\sum_{q=0}^{N-1}\boldsymbol{E}[x_ix_p\delta_{pq}x_qx_j]=&\sum_p\sum_q\{E[x_ix_p]\delta_{pq}E[x_qx_j]\}+\\&\sum_p\sum_q\{E[x_ix_q]\delta_{pq}E[x_px_j]\}+\\&\sum_p\sum_q\{E[x_ix_j]\delta_{pq}E[x_qx_q]\}\end{aligned} \tag{C-4}$$

其中,δ_{pq} 是 $E[\boldsymbol{\delta\delta}^{\mathrm{T}}]$ 的第 pq 项元素,当 $i\neq p$ 时 $E[x_ix_p]=0$。可推导得

$$\begin{aligned}\sum_{p=0}^{N-1}\sum_{q=0}^{N-1}\boldsymbol{E}[x_ix_p\delta_{pq}x_qx_j]=&E[x_ix_i]\delta_{ij}E[x_jx_i]+\\&E[x_ix_i]\delta_{ji}E[x_jx_j]+\\&E[x_ix_j]\sum_p[\delta_{pp}E[x_px_p]]\end{aligned} \tag{C-5}$$

因为 $E[\boldsymbol{\delta\delta}^{\mathrm{T}}]$ 为对称矩阵,所以 $\delta_{ij}=\delta_{ji}$。

当 $i\neq j$ 时,$E[x_ix_j]=0$,故可得

$$\sum_p[\delta_{pp}E[x_px_p]]=\mathrm{tr}\{E[\boldsymbol{\delta\delta}^{\mathrm{T}}]\boldsymbol{R}\} \tag{C-6}$$

进一步可得

$$\begin{aligned}\sum_{p=0}^{N-1}\sum_{q=0}^{N-1}\boldsymbol{E}[x_ix_p\delta_{pq}x_qx_j]=&2E[x_ix_i]\delta_{ij}E[x_jx_i]+\\&E[x_ix_i\mathrm{tr}\{E[\boldsymbol{\delta\delta}^{\mathrm{T}}]\boldsymbol{R}\}]\end{aligned} \tag{C-7}$$

因此,式(C-2)的最后一项可表示为

$$E[\mu^2(n)x(n)\boldsymbol{x}^{\mathrm{T}}(n)\boldsymbol{\delta}(n)\boldsymbol{\delta}^{\mathrm{T}}(n)\boldsymbol{x}(n)\boldsymbol{x}^{\mathrm{T}}(n)]=\mu^2(n)\{2\boldsymbol{RS}(n)\boldsymbol{R}+\boldsymbol{R}\mathrm{tr}[\boldsymbol{S}(n)\boldsymbol{R}]\} \tag{C-8}$$

综上,式(C-2)可表示为

$$\begin{aligned}E[\boldsymbol{A\delta}(n)\boldsymbol{\delta}^{\mathrm{T}}(n)\boldsymbol{A}^{\mathrm{T}}]=&\boldsymbol{S}(n)-\mu(n)\boldsymbol{RS}(n)-\mu(n)\boldsymbol{S}(n)\boldsymbol{R}+\\&\mu^2(n)\{2\boldsymbol{RS}(n)\boldsymbol{R}+\boldsymbol{R}\mathrm{tr}[\boldsymbol{S}(n)\boldsymbol{R}]\}\end{aligned} \tag{C-9}$$

式(C-1)的第 3、5、7、9 项分别为

$$E[\boldsymbol{A\delta}(n)K(n)\boldsymbol{B}^{\mathrm{T}}]=K(n)E[\boldsymbol{\delta}(n)\boldsymbol{B}^{\mathrm{T}}]-K(n)\mu(n)\boldsymbol{R}E[\boldsymbol{\delta}(n)\boldsymbol{B}^{\mathrm{T}}] \tag{C-10}$$

$$E[\mu^2(n)v^2(n)x(n)\boldsymbol{x}^{\mathrm{T}}(n)]=\mu^2(n)\sigma_v^2\boldsymbol{R} \tag{C-11}$$

$$E[K(n)B\boldsymbol{\delta}^{\mathrm{T}}(n)A^{\mathrm{T}}]=K(n)E[B\boldsymbol{\delta}^{\mathrm{T}}(n)]-K(n)\mu(n)E[B\boldsymbol{\delta}^{\mathrm{T}}(n)]\boldsymbol{R} \tag{C-12}$$

$$E[K^2(n)\boldsymbol{BB}^{\mathrm{T}}]=K^2(n)E[\boldsymbol{BB}^{\mathrm{T}}] \tag{C-13}$$

依据前文中的假设，式(C-1)的第 2、4、6、8 项均为零。

综合式(C-9)～式(C-13)，式(C-1)可表示为式(6-12)的形式，证毕。

附录 D　式(6-13)的推导过程

定理 II：设 $\boldsymbol{A}$、$\boldsymbol{B}$ 都是 n 阶实对称矩阵，且正定/半正定，则有

$$\mathrm{tr}[\boldsymbol{AB}]\leqslant\mathrm{tr}[\boldsymbol{A}]\,\mathrm{tr}[\boldsymbol{B}] \tag{D-1}$$

由于 $\boldsymbol{R}$ 和 $\boldsymbol{S}(n)$ 是自协方差矩阵，故 $\mathrm{tr}[\boldsymbol{R}]$ 和 $\mathrm{tr}[\boldsymbol{S}(n)]$ 均大于 0，由定理 II 可得

$$\mathrm{tr}[\boldsymbol{RS}(n)]\leqslant|\mathrm{tr}[\boldsymbol{R}]\cdot\mathrm{tr}[\boldsymbol{S}(n)]|=\mathrm{tr}[\boldsymbol{R}]\,\mathrm{tr}[\boldsymbol{S}(n)] \tag{D-2}$$

同理，

$$\mathrm{tr}[\boldsymbol{RS}(n)\boldsymbol{R}]=\mathrm{tr}[\boldsymbol{R}\cdot\boldsymbol{R}\cdot\boldsymbol{S}(n)]\leqslant\mathrm{tr}[\boldsymbol{R}^2]\,\mathrm{tr}[\boldsymbol{S}(n)] \tag{D-3}$$

对式(6-12)两侧求迹，可得

$$\begin{aligned}\mathrm{tr}[\boldsymbol{S}(n+1)]=&\,\mathrm{tr}[\boldsymbol{S}(n)]-\mu(n)\mathrm{tr}[\boldsymbol{RS}(n)]-\mu(n)\mathrm{tr}[\boldsymbol{S}(n)\boldsymbol{R}]+\\&2\mu^2(n)\mathrm{tr}[\boldsymbol{RS}(n)\boldsymbol{R}]+\mu^2(n)\mathrm{tr}[\boldsymbol{S}(n)\boldsymbol{R}]\mathrm{tr}[\boldsymbol{R}]-\\&K(n)\mathrm{tr}\{E[\boldsymbol{\delta}(n)\boldsymbol{B}^{\mathrm{T}}]\}-K(n)\mu(n)\mathrm{tr}\{\boldsymbol{R}E[\boldsymbol{\delta}(n)\boldsymbol{B}^{\mathrm{T}}]\}+\\&\mu^2(n)\sigma_v^2\mathrm{tr}[\boldsymbol{R}]-K(n)\mathrm{tr}\{E[\boldsymbol{B\delta}^{\mathrm{T}}(n)]\}-\\&K(n)\mu(n)\mathrm{tr}\{E[\boldsymbol{B\delta}^{\mathrm{T}}(n)]\boldsymbol{R}\}+K^2(n)\mathrm{tr}\{E[\boldsymbol{BB}^{\mathrm{T}}]\}\end{aligned} \tag{D-4}$$

上式等号右侧的前五项为

$$\begin{aligned}&\mathrm{tr}[\boldsymbol{S}(n)]-\mu(n)\mathrm{tr}[\boldsymbol{RS}(n)]-\mu(n)\mathrm{tr}[\boldsymbol{S}(n)\boldsymbol{R}]+\\&2\mu^2(n)\mathrm{tr}[\boldsymbol{RS}(n)\boldsymbol{R}]+\mu^2(n)\mathrm{tr}[\boldsymbol{S}(n)\boldsymbol{R}]\mathrm{tr}[\boldsymbol{R}]\\=&\,\mathrm{tr}[\boldsymbol{S}(n)]+\{\mu^2(n)\mathrm{tr}[\boldsymbol{R}]-2\mu(n)\}\mathrm{tr}[\boldsymbol{RS}(n)]+2\mu^2(n)\mathrm{tr}[\boldsymbol{RS}(n)\boldsymbol{R}]\\\leqslant&\{1+\mu^2(n)\mathrm{tr}^2[\boldsymbol{R}]-2\mu(n)\mathrm{tr}[\boldsymbol{R}]+2\mu^2(n)\mathrm{tr}[\boldsymbol{RR}]\}\mathrm{tr}[\boldsymbol{S}(n)]\end{aligned} \tag{D-5}$$

将式(D-5)带入式(D-4)，式 (6-13)式得证。